U0221488

宇宙是什么

Hitoshi
Murayama

探索宇宙的起源、结构与深层奥秘

［日］村山齐——著

武晓宇——译

NEWSTAR PRESS
｜新｜星｜出｜版｜社｜

UCHUWA NANIDE DEKITEIRU NOKA
Copyright © Hitoshi Murayama, Gentosha 2010
Chinese translation rights in simplified characters arranged with GENTOSHA INC.
through Japan UNI Agency, Inc.
著作版权合同登记号：01-2024-4311

图书在版编目（CIP）数据

宇宙是什么：探索宇宙的起源、结构与深层奥秘 /（日）村山齐著；武晓宇译 .
-- 北京：新星出版社，2024.9. -- ISBN 978-7-5133-5694-7

Ⅰ . P159–49

中国国家版本馆 CIP 数据核字第 2024HP4675 号

宇宙是什么：探索宇宙的起源、结构与深层奥秘

[日] 村山齐 著；武晓宇 译

责任编辑 汪 欣
责任印制 李珊珊
装帧设计 @broussaille 私制

出 版 人 马汝军
出版发行 新星出版社
（北京市西城区车公庄大街丙 3 号楼 8001　100044）
网　　址 www.newstarpress.com
法律顾问 北京市岳成律师事务所
印　　刷 北京美图印务有限公司
开　　本 910mm×1230mm 1/32
印　　张 7.375
字　　数 113 千字
版　　次 2024 年 9 月第 1 版　　2024 年 9 月第 1 次印刷
书　　号 ISBN 978-7-5133-5694-7
定　　价 59.00 元

版权专有，侵权必究。如有印装错误，请与出版社联系。

总机：010-88310888　　传真：010-65270449　　销售中心：010-88310811

推荐序

中国科学院高能物理研究所研究员 / 曹俊

几千年来，"宇宙的本原"一直是哲学家们思考的主题。屈原的《天问》开篇即是："遂古之初，谁传道之？上下未形，何由考之？"在他看来，宇宙之初，天地尚未成形，无人亲眼看见，那人类又怎能把自然运行之道流传下来？又能用什么方法来考证呢？然而，古人所想象不到的是，现代科学正开始以确凿的证据解开这些谜题。最近三十年来，通过三代卫星实验对宇宙微波背景辐射的观测，科学家们精确地考证出，宇宙诞生于138亿年前的一次大爆炸，膨胀至今，可观测宇宙的大小已达400多亿光年。诞生之初，宇宙充满炽热的高能粒子，它们产生、湮灭、演化，遵循的规律可以在实验室的高能加速器中重现出来。最大的宇宙与最小的粒子在这里神奇地联系到了一起。人们终于从哲学的思考中找到了科学的路径来了解宇宙起源。

　　然而，现代科学只能说刚"开始"解开这些谜题。每当我们有所发现，新的谜题总会如影随形，留下更多"天问"。宇宙中充满未知的"暗物质"，是所有看得见的星系总和的5倍，然而粒子物理的"元素周期表"中却没有它们的位置。1998年，通过观测遥远的超新星爆炸，我们得知宇宙不仅在膨胀，而且并未在引力牵引下减速，反而在加速膨胀。使宇宙加速的神秘力量，我们称之为"暗能量"。整个宇宙处于一种非同寻常的均匀状态，科学家们普遍相信它曾经历了一次非同寻常的"暴胀"，但还未找到直接证据。2012年，人们终于发现了半个世纪之前预言的希格斯玻色子，它赋予所有物质以质量，被称为"上帝粒子"。推动早期宇宙暴胀的力量很可能也来自希格斯玻色子，然而这个希格斯玻色子又与我们发现的似乎并不太一样。宇宙诞生之初，无尽的能量转化为物质，粒子成对产生、成对湮灭，正反物质应该一样多，但今天的宇宙却由物质主宰，找不到反物质的踪影。同样在1998年发现的"中微子振荡"现象，也许能解释为什么反物质在138亿年前消失，为地球和人类的诞生创造了稳定的条件。

本书的作者村山齐教授在粒子物理和宇宙学上都有极为透彻的理解，不仅是著名的理论物理学家，而且是一位深受欢迎的科普大师，善于把最深奥的东西用最浅显的语言讲明白。无论是学术报告还是科普报告，他的演讲总是能从头到尾抓住听众。本书也是如此，从宇宙的起源，到物质最基本的构成，以及主宰万物的四种力，最后回到宇宙之谜，抛开复杂的数学和枯燥的论证，娓娓道来，引人入胜，只要具备中学的基础就能看懂。

在书中，村山教授对日本科学家在探索这些科学奥秘中的贡献有所侧重，固然有唤起日本读者共鸣的意图，但平心而论，这一连串闪光的名字也的确让人心存羡慕，值得我们认真学习，奋起直追。粒子宇宙学是一个蓬勃发展的科学领域，许多新的科学发现正在重塑我们的观念，许多重大科学问题也许会在未来数十年内一一得到解答。解开这些"天问"的未来科学家，也许正在这本书的读者中。

对不打算从事科学研究的读者，这些关于宇宙和物质本原的前沿科学知识，也是必备的精神财富。正如作者回答"研究这些有什么用"时所说的，"为了让日本变得富足"。不仅是经济上，也包含内心、精神和文化的富足。就像文学和艺术修养一样，科学上的修养，也必然会深刻影响一个人的内心世界。

曹俊

目　录

序章

极小又极大的世界

1. 宇宙是由数学语言写成的

东京大学数学物理联合宇宙研究所成立于 2007 年 10 月，是一个非常年轻的研究机构，我担任了该研究所的所长。该研究所的名字看上去很严肃，不过在国外多使用简称 IPMU（研究所英文名字的首字母缩写），这种叫法或许稍会让人觉得亲切一些。研究所名字中的"数学物理"指的是数学和物理。数学和物理携手联合，恐怕会让一些在初高中不擅长理科的人退避不迭。

但是，它实际上完全不可怕。

我们研究的课题，是任何人都曾想要了解的东西。例如，小时候仰望星空时，大家可能产生过下面的疑问。

宇宙是如何开始的？

远方的星星是由什么构成的？

我们为何存在于宇宙之中？

宇宙今后会何去何从？

我们的研究，就是尝试回答这些朴素的问题。

在自然科学不发达的时代，这些问题是哲学家的课题。几千年来，人类一直在思索这些问题，但现在仍然有许多未解之谜。

不过，时代已然发生巨变。近十几年来，科学技术飞速发展，人造卫星、巨型天文望远镜、地下实验设施、粒子加速器等成果相继问世。借助科学的力量，我们离解开那些追寻了千年的谜题更近了一步。

近十年来，在宇宙研究领域，研究者在各种各样的实验中，得到了众多令人震惊的数据。以这些数据为基础的理论得到了进一步发展，许多独特的新观点也随之诞生。

得益于此，我们对宇宙的认识也发生了革命性的变化。这种变化对人类宇宙观的冲击程度，可与当年从"地心说"到"日心说"的转变相匹敌。

"日心说"的提倡者伽利略初次用天文望远镜观测星空，是在 1609 年。2009 年被定为"国际天文年"，就是为了纪念 400 年前的这一壮举。

伽利略用自制的望远镜，发现了木星的周围存在 4 颗卫星，这些卫星的运动方式类似于围绕地球旋转的月球。于是他认为，既然木星的卫星能围绕木星旋转运动，那么地球围绕太阳旋转运动也不奇怪。随后，这一想法成了他宣扬日心说的证据之一。从这个意义上来说，400 年前伽利略将望远镜对向星空的那一刻，对人类而言可谓历史性的瞬间。

说起来，同时是天文学家和物理学家的伽利略，曾留下这样一句名言：

"宇宙是由数学语言写成的。"

因此，如果不使用数学，那么我们就无法理解自然界的结构和奥秘。

我们这些物理学家研究宇宙时会与数学携手而行，有的读者了解到这件事后可能会觉得不可思议。不过，正如伽利略所言，如果不借助数学家的力量，那么就无法解开宇宙之谜。因此，我们消除了数学和物理学的界线，创造了一个可以共同进行研究的场所（不过，本书中不会涉及高等数学的内容，请大家放心）。

2. 世界的两极：10^{27} 与 10^{-35}

读到这里，大家可能会有另外一个疑问。那就是本书的副标题 [1]——用基本粒子揭开宇宙之谜。

为什么微小的基本粒子会与宏大的宇宙存在联系呢？

确实，在直观上，我们会觉得"宇宙"与"基本粒子"毫无关联，毕竟两者的尺度相去甚远。宇宙是世界之极大，而基本粒子是世界之极小。研究宇宙为什么会提到基本粒子呢？大家有这样的疑问也理所当然。

我们先以身边的东西作为参照，思考一下宇宙究竟有多大。将极小的基本粒子和极大的宇宙放在一起思考时，不用拘泥于细枝末节。在此，我们用"数字的位数有多少位"来大体思考这个问题。

例如，苹果的直径约为 10 厘米（0.1 米）。人类的身高要比苹果直径多 1 位数，为 1 ～ 2 米。城市中的大厦或住宅楼的高度，要比人的身高再多 1 位数，为几十米。东京塔的高度为 333 米，东京晴空塔的高度约为 634 米。将这两个高度写为物理学

---

[1] 指本书日文版的副标题。——译者注

中常用的表达方式，则为"3×10^2 米"和"6×10^2 米"。日本海拔最高的山峰富士山（海拔约为 3776 米），其高度的数字位数则为 10^3。

那么，承载着富士山的地球，它的直径是多大呢？地球直径约为 12 000 千米，将其单位换算为米，则数字的位数为 10^7，这相当于富士山高度的 1 万倍。

地球围绕太阳公转的轨道，其直径是富士山高度的"1 万倍的 1 万倍"（10^{11} 米）。这种位数的数字，已经不在日常的范围内，会让人感觉有些陌生。

但是，从宇宙整体来看，10^{11} 米不过是一个小小的点。

太阳系位于银河系的一隅，而银河系的直径约是地球公转轨道直径的 10 亿倍（10^{20} 米）。我们将视野再扩大一级，则可以看到银河系与其他星系构成了"星系团"，星系团的直径约为银河系的 1000 倍（10^{23} 米）。

当然，宇宙中还有很多这样的星系团，而将这些星系团全部包裹起来的东西就是宇宙。目前，我们能实际观测到的最大宇宙尺度，为 1 个星系团的 1 万倍（10^{27} 米）。在这种尺度上，"太"（T，10^{12}）和"拍"（P，10^{15}）这两个单位已经无能为力，因此要用"10^x"的形式来表达。这正是所谓的"天文数字"。

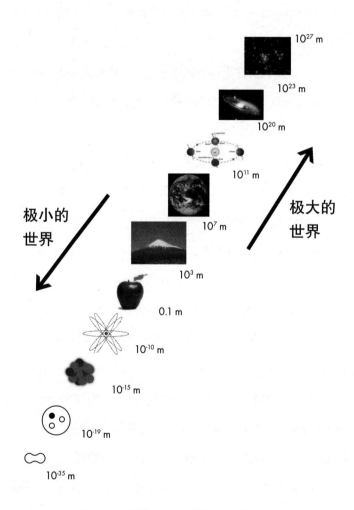

10^{27} m

10^{23} m

10^{20} m

10^{11} m

极小的
世界

极大的
世界

10^7 m

10^3 m

0.1 m

10^{-10} m

10^{-15} m

10^{-19} m

10^{-35} m

图 0-1　万物的大小

那么，基本粒子的大小又如何呢？

如其字面之意，"基本粒子"是构成物质的最基本的单位。将苹果、人类、富士山、天体等物质逐级分解，思考它们究竟是由什么东西构成的，这便是基本粒子物理学。至于基本粒子为何能够构成物质，而不是以分散状态存在的，这是一个非常重要的问题，本书后文会详细介绍。

想必大家都知道，所有物质都是"原子"的聚集体。例如，我们看一下"水"这种物质。水分子 H_2O 由氢原子和氧原子构成，大量的水分子聚集，就形成了水。

目前，我们已经确认存在的原子共有 118 种（我们把同类原子称为"元素"，不同元素的质量也不同）。与多姿多彩的物质世界相比，可以说元素的数量少得惊人。如果把我们身边的所有物质分解到一定程度，它们都必然归属于这 118 种元素之中。

当然，将物质分解为原子并非易事。例如，如果将直径为10 厘米的苹果分解为原子，那么大约会有 10^{26} 个原子。然而，无论用多么锋利的水果刀去切苹果，都是徒劳，因为刀刃肯定比原子大。

顺便一提，1 个苹果和 1 个原子的大小差异，几乎相当于银河系和地球公转轨道的大小差异。也就是说，如果把银河系看作苹果，那么地球公转轨道的大小只相当于 1 个原子。

1 个原子的直径为 10^{-10} 米。在过去，原子被认为是世界上最小的物体，也就是说基本粒子。

但是，研究者终究还是发现原子仍然具有"内部结构"，也就是说原子可以被进一步分解。原子的中心处存在"原子核"，它的周围存在围绕其旋转的"电子"。刚才提到的"原子的直径"（ 10^{-10} 米），也就是电子旋转轨道的直径。

电子的轨道与原子核之间的距离非常遥远。不少人可能会认为这个距离类似于地球和人造卫星之间的距离，但原子核的直径要远远小于电子轨道的直径，仅为 10^{-15} 米，约是电子轨道直径的十万分之一。当然，这些都是微观世界中的距离，我们直接看的话基本上看不出什么区别，但这种距离实际上相差了 5 位数。要知道，富士山的海拔与地球的直径，也仅相差 4 位数。因此，若站在原子核上观察电子，那么会发现它是在非常遥远之处环绕而行的。

原子核的发现，大幅缩小了"基本粒子"的尺寸。然而，人类对物质本原的探索之旅并未就此结束。原子核的内部仍然存在"内部构造",即存在"质子"和"中子"。而且,质子和中子也是由一些更小的粒子构成的。

这种更小的粒子称为"夸克"。目前,夸克被认为是真正的"基本粒子"。其直径约为 10^{-19} 米,与曾被认为是"基本粒子"的原子相差 9 位数,与原子中心处的原子核也有 4 位数的差距。

在"弦理论"(一种在尝试统一引力、电磁力以及后文将介绍的强力和弱力上被给予厚望的理论)中,基本粒子的尺寸则比夸克更小,为 10^{-35} 米。

3. 世界是一条"衔尾蛇"

目前,对于宇宙,我们能观测到的最大尺度为 10^{27} 米;对于基本粒子,我们能了解到的最小尺度为 10^{-35} 米。10^{27} 与 10^{-35},这两个"气势磅礴"的数字就构成了我们自然界的"宽度"。或许可以这么说,分属世界两极之处的宇宙研究和基本粒子研究,它们之间存在 62 位数的"距离"。

然而,最近的研究发现,这两个看似毫无关系的研究领域其实关联密切。

让它们发生关联的背景，便是"大爆炸宇宙论"（The Big Bang Theory）。

大爆炸宇宙论的观点认为，宇宙最初并非是像现在这样的巨大空间，而是自诞生之后逐渐膨胀，变为了现在的规模。研究者已经发现了这一观点的证据，我会在后文中介绍这部分内容。

如果宇宙一直在膨胀，那么追溯宇宙的历史，便会看到宇宙的尺寸在不断缩小。大爆炸刚刚发生那一刻的宇宙，应该便是小到不能再小的宇宙了。

这不正是"基本粒子的世界"吗？

因此，要想了解宇宙的起源，必须要理解基本粒子的相关知识；反之，通过调查宏大的宇宙，也能了解微小的基本粒子。二者看似处于自然界的两个极端，但是却存在密不可分的关系。

不知大家是否知道希腊神话中的"衔尾蛇"。它是一条正在吞食自己尾巴的蛇，在古希腊，衔尾蛇是"世界完满性"的象征。

思考宇宙和基本粒子时，我会经常想起这条蛇。相当于宇宙的蛇头，正在吞噬相当于基本粒子的蛇尾。也就说是，不断追寻宏大宇宙的尽头，最终却发现那里是微小的基本粒子；不停去寻找最小的物质，最后却发现那里是张着血盆大口的宇宙。

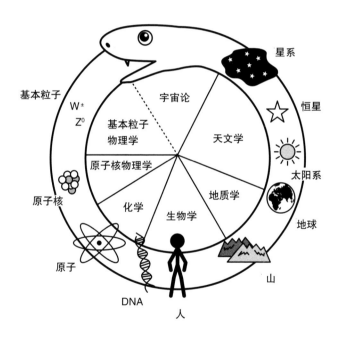

图 0-2　衔尾蛇

因此，宇宙研究者谈及基本粒子的话题，并非奇怪之事。下面，就让我带领大家去畅游这极小又极大的世界吧。

第 1 章
宇宙是由什么构成的

1. 苹果和行星遵循同样的运动法则

生活在 21 世纪的各位读者，听到"宇宙"这个词时会想到什么呢？400 多年前，伽利略将望远镜对向星空，这让人类对宇宙的认识发生了巨大变化。

没有望远镜时，人只能依靠肉眼观察夜空中的繁星。过去的人在漆黑的夜空中描绘出神明或动物形状的星座，并认为天界不同于地上世界，是"另外一个世界"，但那其实只是过去的人"想象中的世界"。

与过去那种"想象中的世界"相比，现代人对宇宙的印象已经非常具体。得益于望远镜技术的发展，我们已经可以看到非常真实的宇宙风景了。

例如美国的哈勃空间望远镜，通过它，我们可以看到围绕地球旋转的人造卫星所拍摄的宇宙。从地上观看到的星星之所以会闪烁，是因为地球大气层中的气流对光线产生扰动，而哈勃空间望远镜却不会受这种影响，因此可以拍摄出十分清晰的照片。

这些照片想必有不少人在电视、报纸等媒体上看到过。现在的宇宙照片，不仅可以清晰呈现月球上的环形山和木星的条纹，还可以捕捉到更加遥远的恒星、星系的景象。

与日常的风景相比，宇宙的景象显得非常梦幻，这或许与古人想象的宇宙有所相合。不过，从宇宙中拍摄的地球也同样梦幻，但它与其他梦幻的宇宙景象一样，都是真实存在的。这与古人对天界的想象不同，宇宙对我们而言绝不是"另外一个世界"。不管是地球，还是与我们相距数万光年的恒星，它们都存在于"宇宙"这一个世界中。现代人对宇宙的印象大致如此。

本书对基本粒子和宇宙研究的介绍，大致分为两个主题。

第一个主题是，物质是由什么构成的。

第二个主题是，支配物质的基本法则是什么。

如果宇宙与地上世界不是同一个世界，那么我们就必须在不同的世界中去思考这两大主题。这是因为，如果宇宙与地上世界不是同一个世界，那么构成远方的星星的物质便与地上世界的物质不同，物质所遵循的基本法则也会存在差异。

但是，我们知道"天上"和"地上"是同一个世界。遥远的星星和我们的地球（苹果、高楼大厦、我们自身）都是由相同的物质构成的。正因如此，寻找物质本原的基本粒子研究与宇宙研究连接在了一起，就像"衔尾蛇"那样。

如果宇宙中的物质与地球上的物质相同，那么支配这些物质的物理法则也是一样的。"天上"与"地上"便没有任何差别了。

最初证明这一事实的人是艾萨克·牛顿，他提出了著名的"万有引力定律"。至此，人类才意识到，在地上世界从枝头掉落的苹果，与在天上世界运动的行星，遵循着完全相同的运动法则。

对于认为宇宙是"另外一个世界"的古人而言，这恐怕是难以接受的事实，甚至一些现代人也会觉得这很荒唐。确实，在直观感觉上，苹果落下与地球围绕太阳转动似乎是不同之事。

不过，地球之所以能以 30 千米每秒的惊人速度围绕太阳转动而不飞离太阳系，是因为它受太阳的引力牵引，"落"了下来。这与苹果受地球引力牵引而落下的情形完全相同。

顺便一提，牛顿阐释万有引力定律的著作名为《自然哲学的数学原理》。这正如伽利略所言——"宇宙是由数学语言写成的"。这样看来，数学与物理的联合也早已存在。

2. 苹果皮上的宇宙空间站

　　牛顿创立的经典力学，并不适用于之后被发现的基本粒子的"微观世界"。现代物理学的研究，正是旨在全力阐明支配微观世界的基本法则。

　　由此看来，经典力学支配的宏观世界与经典力学无法适用的微观世界，似乎是两个不同的世界。但是，用同一个理论统一两者，是我们物理学家的梦想。就像牛顿曾用一个理论统一了"天上世界"和"地上世界"一样，物理学的最大目标，就是找到支配从"极小世界"到"极大世界"的基本法则。

　　这部分内容我会在后文中再详细介绍。在此，我先介绍第一个主题，即"物质（也就是宇宙）是由什么构成的"。

　　想了解宇宙的实际情况，关键在于"观察"宇宙。人类宇宙观从地心说到日心说的转变，也是始于伽利略用望远镜观察宇宙。

　　对于研究来说，"前往"现场远比从远方"观察"更理想，但当研究对象是宇宙时，前往现场就难以实现了。从 20 世纪 60 年代"阿波罗号"和"联盟号"上的宇航员，到现在宇宙空间站中长期停留并完成重要使命的宇航员，虽然人类在航天探索上不断突破，让越来越多的地球人进入了宇宙空间中，但从宇宙的整体规模来看，我们人类宇航员的移动距离不值一提。

例如，国际空间站距离地表的高度为 375 千米。地球的直径约为 12 000 千米，因此人类前往国际空间站，不过是在宇宙空间中移动了极其微小的距离。如果把地球看作一个苹果，那么我们前往国际空间站，就相当于从苹果皮上探出了头。

阿姆斯特朗在乘坐"阿波罗 11 号"完成登月任务时，留下了"人类迈出一大步"的名言，其实那一步的"步幅"也是很微小的。

地球到月球的距离约为 38 万千米，相当于阿波罗号宇宙飞船单向绕地球 10 圈。从常识来看，这个距离确实很远，但将其换算为光速（3 亿米每秒）的话，却只不过是光传播 1.3 秒的距离（1.3 光秒）。而宇宙中的距离是用"光年"（光在宇宙空间中传播 1 年所走过的距离）这个单位来衡量的，所以距离仅用"光秒"便能表示的月球，只不过是我们地球家园的门口。

与地球距离最近的恒星太阳，与地球之间的距离为 1.5 亿千米。这一距离要用"光分"这个单位来表示，约相当于"8.3 光分"。也就是说，我们看到的太阳，其实是它 8.3 分钟前的样子。

如果现在太阳瞬间消失，那么我们在 8.3 分钟内是察觉不到什么的。

3. 前往冥王星："旅行者号"的 20 年

目前，人类对宇宙的实地探索，仅到达了月球，即"地球的门口"。不过，得益于科学技术的发展，我们已经可以使用无人探测器，去调查那些无法实地探访的遥远天体。探测器可以拍摄影像资料、采集土壤样本等。例如，日本曾向月球发射了"辉夜姬"（Kaguya）探月卫星。"辉夜姬"的任务是围绕月球自由飞行，并将拍摄的影像传送回地球。

另外，在日本发射的人造卫星中，距地球最远的是"隼鸟号"（Hayabusa）小行星探测器。2005 年夏季，"隼鸟号"到达了公转轨道横跨地球和火星轨道的"小行星 25143"，并于 2010年 6 月返回地球。

地球到这颗小行星的最大距离为 20 光分，约为地球到太阳距离的 2.5 倍。地球向"隼鸟号"探测器的计算机发送指令，大约需要 40 分钟才能收到它的回复。让"隼鸟号"在如此遥远的天体上进行采样，并将其带回地球，确实是一项了不起的计划。

1977 年，美国发射的两个"旅行者号"（Voyager）探测器则踏上了更遥远的旅途。它们大约花费了 20 年，到达了以光速前进仍需 4 个小时才能抵达的冥王星附近。

想必不少人都知道"旅行者号"探测器携带了满载地球信息的唱片。这张主题为《地球的呢喃》（*The Sounds of Earth*）的铜质镀金唱片收录了地球的音乐、各种语言的问候、照片等内容。"旅行者号"探测器现在仍然在继续太空之旅，如果它脱离太阳系后能进入另一个恒星系统，并被其他星球上的智慧生命（能够解读该唱片的生命体）发现的话，那么"旅行者号"或许会给我们回应。

但是，在可能存在生命的恒星系统中，即使是离我们最近的那个——比邻星（Proxima Centauri）也与地球相距 4.2 光年。即便"旅行者号"被那里的行星上的智慧生命发现，我们要收到那边的回复也需要 4 年。

而且，在这种情况发生之前，我们还不知道"旅行者号"何时才能到达那里。"旅行者号"前往与地球相距"4 光时"的冥王星花费了 20 年，而"4 光年"是"4 光时"的 24×365 倍。到那时，美国这个国家是否存在都不好说了。这真是一次漫长的旅行。

4. 光中的秘密：用阳光分析太阳的构成

无论是人还是探测器，前往宇宙都非易事。不过，如果仅是"观测"，那么事情就好办多了。得益于望远镜技术的不断进步，只要我们能捕捉到天体发出的"光"，那么无论是多么遥远的天体，我们也能观察其情况。

当然，这种"观测"是无法触碰到宇宙空间中的物质的。可能有人认为，无法获取实物样本的话，就无从了解它由什么构成。

其实，即使无法获得宇宙中物质的实物样本，只要能观测到它们，也能分析出这些物质的结构。例如，没人去过太阳，探测器也无法接近太阳，但我们能知道太阳与地球的情况相同，都是"原子"的聚集体。

我们发现这种情况并非仅存在于太阳，数万光年之外的天体也都是由原子构成的。因此，学校里会教授"万物皆由原子构成"的知识。或许可以说，这是 20 世纪天文学中最伟大的发现。

为什么仅靠"观测"就能知道这些天体是由原子构成的呢?

给我们带来这些信息的东西,是传播到地球的"光"。大家在小学的科学课上,应该都用棱镜制造过"彩虹"。这种"彩虹"包含从红到紫的所有颜色。不过,这些颜色并非太阳光的全部。如果使用更加精密的仪器进行分光,就会发现太阳光的光谱中存在黑线。

光谱中的黑线表示该颜色所在之处"没有光"。确切地说,是该部分的光被某种东西"吸收"了,所以没有到达地球。

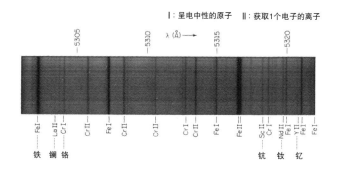

· 太阳核聚变反应产生的光,会经过构成太阳的气体
· 构成这些气体的元素,吸收了太阳光中波长与它们相对应的光,让太阳光的光谱中,相应波长的位置变成了黑线

图 1-1　太阳的吸收线光谱

吸收这些光的东西正是"原子"。不同种类的原子会吸收不同波长的光,所以,如果光谱中某种颜色的所在之处变黑了,那么就可以知道存在吸收这一波长的光的原子。通过分析太阳光中波长的吸收情况,就可以知道构成太阳的原子,与地球上存在的原子是同一种。这正是用光"照亮"了太阳构成的秘密。

只要有光,我们便能分析光来源之处的物质构成,研究宇宙中遥远天体的构成,使用的也是这种方法。此外,分析光谱中黑线的深浅程度(谱线黑度),还能了解该天体中吸收了该波长的原子的数量。某种原子的数量越多,与之对应的波长的光被吸收的量就越大,光谱中对应位置的黑线就越深。

5. 幽灵般的中微子

宇宙传过来的东西并非仅有光,还有不计其数的粒子,这些粒子也为我们了解宇宙的结构提供了线索。

例如,大家可能听说过"中微子"这个词。2002年日本物理学家小柴昌俊获得诺贝尔物理学奖时，报纸、电视上的报道中多次出现过这个词。

从理论上"预言"该粒子的存在要追溯到 80 年前。在基本粒子物理学领域，这类预言并不罕见。当出现当前理论无法解释的现象时，研究者就会提出假设：如果存在这种粒子的话，理论上就合理了。之后，研究者会开始寻找符合这种假说的东西。例如，日本首位诺贝尔奖得主汤川秀树博士的"介子理论"就是这种情况。汤川博士先提出了存在介子的"预言"，随后才有研究者基于他的理论发现了新粒子。

在后来的研究中，"中微子"被认为确实"应该存在"。因为如果不存在"中微子"的话，那么某种现象就会违背"能量守恒定律"。

所有物理现象，都必须遵循现象发生前后能量总量保持不变的原则。当发生某种现象的时候，其能量在总体上必须不增不减。如果出现与这一基本法则相悖的现象，我们就不得不从根本上重新审视理论本身了。

然而，中子的"β衰变"现象违背了能量守恒定律。β衰变是指"原子核中的中子通过释放出电子变为质子"这一现象。中子的电荷为 ±0，质子的电荷为 +1。因此，中子释放出 1 个电子（电荷为 –1）后，电荷会变为 +1，也就变成了质子。

大家或许听说过"放射性碳年代测定法"，这种方法多用于确定古代遗迹中出土的骨骼或文物的年代。在这种方法中，发挥重要作用的物质是"碳 14"（碳元素的同位素）。碳 14 拥有 6 个质子和 8 个中子（普通碳元素则有 6 个质子和 6 个中子）。如果碳 14 的 1 个中子发生 β 衰变，那么它的质子和中子就都变为 7 个。此时，它就不再是碳元素的同位素，而变成了原子序数为 7 的"氮"。

这种变化本身没什么问题，但问题在于 β 衰变前后的能量出现了差异。与衰变前中子所拥有的能量相比，衰变后的能量（质子 + 中子放出的电子）变小了。

这就如同把碗摔碎，然后把所有碎片收集起来放到秤上称重，结果发现碗的所有碎片似乎比摔碎之前的碗轻。如果能量守恒定律是正确的，那么只能认为存在某种未知物质带走了减少的那部分能量。

对此，瑞士的物理学家泡利认为，中子发生 β 衰变时，中子不仅释放出了电子，应该还释放出了一种不带电的神秘粒子。

不过，根据泡利的假说，这种粒子的质量为 0（或者说小到无法观测）。另外，这种粒子即使与其他物质相遇，也不会与其他物质发生反应，而是会直接穿过其他物质，仿佛是"幽灵"一般的粒子。

因此，泡利认为这种粒子"绝对无法被发现"。"存在却无法被发现"，这话听上去非常荒唐，但又不能以"无法找到该粒子"为由，去反驳泡利是错的。

不过，泡利的假说一半是对的，一半是错的。20 世纪 50 年代，研究者在实验室中确认了这种"幽灵粒子"，也就中微子的存在。看来这种粒子并不是真正的"幽灵"。

6. 每秒有数十万亿个中微子穿过我们的身体

在世界范围内，日本的神冈探测器（Kamiokande）首次捕捉到了来自宇宙的中微子。这个巨大的实验装置位于岐阜县神冈矿山的地下 1000 米处，主要由蓄积了 3000 吨纯水的水箱和 1000 个光电倍增管组成。

宇宙中有大量中微子会到达地球，每秒约有数十万亿个中微子穿过我们的身体。中微子与其他物质几乎不发生任何碰撞和反应，可以直接穿透物质而行，因此确认这种粒子的存在是极其困难的。但是，神冈探测器于 1987 年 2 月在蓄积了大量纯水的水箱中，检测到了与水中电子发生碰撞的中微子。虽然这次检测到的中微子仅有 11 个，但已经可以说是硕果了。这也能侧面反映出捕捉中微子的难度极大。

神冈探测器捕捉到的这 11 个中微子，产生于大麦哲伦云中的超新星爆炸。这次超新星爆炸释放出了亮度超过整个星系的光。然而，这么亮的光，其能量也仅为这次超新星爆炸产生的总能量的 1%。中微子则占据了超新星爆炸产生能量的 99%。正因为这次超新星爆炸释放了如此多的中微子，神冈探测器才能捕捉到其中的 11 个。另外，超新星爆炸产生大量中微子这件事也向我们诉说了一个秘密，即发生爆炸的超新星与地球和太阳一样，也都是由"原子"构成的。

小柴昌俊也因这一成果而获得了 2002 年的诺贝尔物理学奖。顺便介绍一下，发生爆炸的超新星与地球相距 16 万光年，而中微子是以光速传播的，因此，这 11 个中微子经历了 16 万年的旅行才抵达神冈探测器。其实，当时小柴昌俊马上就要退休了，而这些中微子在他退休前的一个月到达了地球，这真是令人惊叹的好运。

另外，在这一发现的数月前，维护人员刚好将神冈探测器中蓄积的纯水清洁干净。如果纯水不够干净的话，就会有大量的噪声进入光电倍增管，导致无法辨别中微子。因此，如果没有那次纯水的清洁作业，小柴昌俊可能也无法获得诺贝尔奖。

此外，此次发现还有一个很有意思的小插曲。当时实验团队中有一名研究生，周围的人曾开玩笑说："只要这家伙在这里，实验似乎就不顺利。"当神冈探测器捕捉到中微子时，这名研究生也刚好不在实验现场（笑）。这一重大发现，似乎是受到了幸运女神的各种眷顾。

如果没有这次发现，那么下一个重大实验项目"超级神冈探测器"（Super-Kamiokande）的预算可能难以获批。神冈探测器的蓄水量为 3000 吨，超级神冈探测器的蓄水量则为 5 万吨，内壁上的光电倍增管也增加到了 11 200 个。下次超新星爆炸时，超级神冈探测器可以一次捕捉到几千个中微子。

不仅如此，超级神冈探测器或许还能捕捉到大量中微子到访地球时突然消失的瞬间。实际上，现在超级神冈探测器的主要任务之一就是观测这一现象。如果超新星爆炸后形成了黑洞，那么爆炸中产生的中微子也无法逃出黑洞。因此，如果捕捉到中微子突然消失的瞬间，那么就能确定超新星爆炸后形成了黑洞。

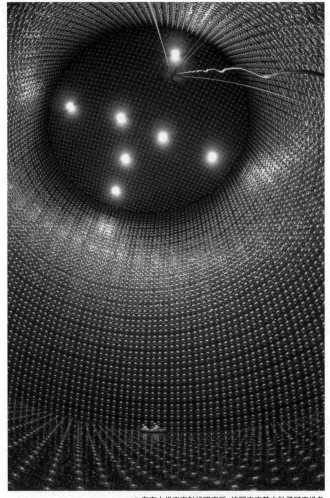

© 东京大学宇宙射线研究所　神冈宇宙基本粒子研究设备

图 1-2　超级神冈探测器的内部

水中发生的反应中出现的光，可以被这个巨大的检测器捕捉

图 1-3 超级神冈探测器的光电倍增管

虽然不知道什么时候才能观测到那种现象，但超级神冈探测器在其他研究上已取得不少成果。例如，观测结果显示，如同幽灵一般的中微子，其实拥有极其微小的质量。

这一发现具有重大意义，我们从中得到了令人震惊的事实。如果将宇宙中的所有中微子汇集在一起，那么其质量几乎与宇宙中所有天体的质量相同。中微子有质量这件事发现于 1998 年，在此后的十几年，我们对宇宙的认识也不断被革新。

7. 所有天体的质量仅为宇宙的 0.5%

不过，让我们这些研究者为之震惊的，并不只是超级神冈探测器的观测结果。除此之外，关于"宇宙是由什么构成的"这一问题，新的事实也不断地出现。

根据超级神冈探测器的观测结果，我们知道了宇宙中所有天体的质量与所有中微子的质量相同。那么，大家是否能猜到"所有天体"在宇宙中占据了多大比例呢？

对于宇宙中的物质，我们一般只会想到恒星、行星等天体。如果所有中微子与所有天体的质量相同，那么似乎会产生"宇宙的 50% 是天体，剩下的 50% 是中微子"的观点。

然而，研究者在后来的观测结果中所发现的事实，彻底颠覆了这种观点。就算把我们能看到的所有天体全部加在一起，它们也仅占宇宙总能量的 0.5%，即使再加上宇宙中的所有中微子，它们也不过是宇宙总能量的 1%。

细心的读者可能会发现有些不对劲儿。我在前文说的是天体的"质量"，但在这里没说"宇宙中物质的总质量"，而是用了"总能量"这个词。不过，这并不是笔误或印刷错误，只是依据爱因斯坦的相对论做了换算。

根据爱因斯坦的著名方程式 $E=mc^2$（能量 = 质量 × 光速的平方），物质的质量可以换算成能量来表示。因此，天体的质量也可以换算成能量来进行比较。

虽然所有的天体都由原子构成，但除此之外，宇宙空间中还存在很多原子。例如，星系也存在气体，不过由于这些气体不发光，所以我们无法观察到它们，但这些气体也是由原子构成的。

读到这里，有读者可能会想："原来如此，宇宙中除了天体和中微子之外的 99%，都是看不见的原子。"但是，现在下结论为时尚早。即使将天体和气体等宇宙中所有的原子加在一起，它们也仅占宇宙总能量的 4.4%。

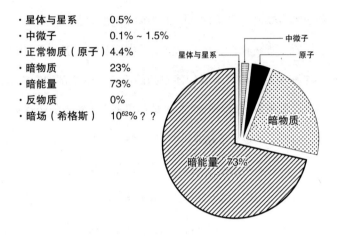

- 星体与星系　　　0.5%
- 中微子　　　　　0.1% ~ 1.5%
- 正常物质（原子）4.4%
- 暗物质　　　　　23%
- 暗能量　　　　　73%
- 反物质　　　　　0%
- 暗场（希格斯）　10^{62}% ？？

图 1-4　宇宙的能量

我们在学校学到"万物都是由原子构成的"，而且地球之外的天体也确实由原子构成。但是，2003 年的发现告诉我们，宇宙的 96%，其实是"原子之外的东西"。在刚步入 21 世纪之际，20 世纪的"常识"就被彻底颠覆了。

8."暗物质"占据了整个宇宙的 23%

宇宙的 96% 并非由原子构成，那么这部分究竟是什么呢？很遗憾，这目前还是未解之谜。不过，研究者为这些神秘的东西取好了名字。

非原子的宇宙部分，其中一部分东西叫作"暗物质"（Dark Matter）。这听起来像是科幻电影的名字，我们这一代人多会由此想到《星球大战》（Star Wars）中的达斯·维德。总之，我们完全不了解这种东西是什么，所以才给它取了这种名字。

不过，即便不了解这种东西是什么，但我们也能知道它是"存在"的。就像曾经的中微子那样，如果不以存在暗物质为前提，那么就会出现各种不合理的现象。在此，我简单介绍其中一种不合理现象。

前文曾提过，地球之所以能以 30 千米每秒的速度围绕太阳转动而不脱离太阳系，是因为它在太阳引力的作用下"落"了下来。太阳系中的各个行星没有各奔东西，原因也在于此。

不少人可能不记得在学校学过地球的公转速度。日本的学校确实没有教授这个知识点，其原因或许是担心会让孩子产生恐惧心理（笑）。例如，孩子想到身处之地时刻都在以 30 千米每秒（108 000 千米每小时！）的速度疾驰，或许有人会感到不舒服。

不仅如此，其实包含地球在内的太阳系，也在以 220 千米每秒的速度急速而行。也就是说，我们实际上是以约 80 万千米每小时的速度在宇宙中移动的。

不过，这种高速移动不是毫无目的地随意运动。与地球在太阳的引力作用下"落"下来一样，太阳系也被银河系整体的引力牵制，所以不会脱离银河系，请大家放心（但是，预计45亿年后银河系会撞上附近的仙女座大星系，所以人类需要在那之前制订计划逃出银河系）。

能将如此急速移动的太阳系留住，由此可见银河系的引力非比寻常。然而，研究者在研究银河系的引力时，发现了一件不可思议的事情：即使将银河系的全部星球和黑洞等天体都集中起来，也无法形成足以牵制住太阳系的引力。

人类能够计算出上述结果，本身已经是巨大进步。从计算结果看，银河系中还存在天体以外的某种东西，否则太阳系就会脱离银河系飞向某处，我们也无法如此安心地生活在太阳系中。不过，在现实情况中，作为银河系一员的太阳系非常稳定地运行在银河系中。

那么，是什么东西的引力将太阳系稳定在银河系中呢？这种东西就是暗物质。

当然，暗物质并非仅存在于我们所在的银河系。邻近的仙女座大星系也基本都是暗物质。

银河系是千亿个天体的聚合体
太阳系以 220 千米每秒的速度围绕银河系中心旋转

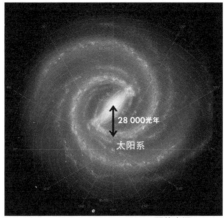

图片来源：NASA

图片来源：Courtesy Wikimedia

图 1–5　银河系

暗物质遍布于整个宇宙的各个角落，其能量约占宇宙总能量的 23%，约是宇宙中所有原子的 5 倍。我们原本以为熠熠生辉的天体是银河系的主角，然而没想到构成天体的原子在宇宙中只是个小角色。"星系"中的"星"徒有其名，其实星系是暗物质的聚集地。银河系的真实状态是混入了少量天体的庞大暗物质聚合体。

9. 占据宇宙大部分的神秘能量

读到这里，想必大家已经明白"万物并非都是由原子构成的"。但是，宇宙中所有原子和暗物质的能量之和，也仅占宇宙总体能量的约 27%，这不过是宇宙的小部分。那么宇宙的 73%，也就是宇宙的大部分究竟是什么呢？

像暗物质的情况一样，这些未知的能量目前也仅有一个名字，即"暗能量"（Dark Energy）。我们对暗能量的了解比暗物质还要少。

虽然暗物质与我们所了解的原子完全不同，但它具有与"物质"类似的属性。为什么这么说呢？因为随着宇宙不断膨胀，暗物质的密度也在逐渐变小。这个道理并不难理解。例如，一个盒子里装着玻璃球，如果将这个盒子的体积扩大到原来的 2 倍，那么玻璃球的密度就变为原来的一半。所谓物质，就是这样的东西。在这一点上，原子和暗物质没有区别。

不过，暗能量的情况就不一样了。无论宇宙这个"盒子"变为多大，暗能量的密度也不会变小。这种情况看起来非常不真实，暗能量仿佛"妖怪"一样，令人感到难以接受。我更愿意认为"妖怪都是骗人的"，就像《没有妖怪》那首歌唱的那样。但是，如果不以存在这种"妖怪"般的能量为前提，那么"宇宙正在加速膨胀"这一事实就无法解释，这是更加让人难以接受的事情。

在解释为什么这件事会让人难以接受之前，我先简单介绍一下宇宙的膨胀情况。说起来，在过去的人的眼中，宇宙正在膨胀这件事本身就让人难以接受。

在过去人类的宇宙观中，宇宙没有起点也没有终点，是一个大小始终不变的空间。人类后来认识到宇宙在不断膨胀这一事实，这也是观测来自宇宙的"光"的结果。

光和声音的"波"在接近或远离波源（光源、声源）时，其波长会发生变化。大家在日常生活中应该都体验过"多普勒效应"吧。当一辆救护车接近我们时，我们听到的警报声会越来越高；救护车远离时警报声则越来越低。这是因为靠近我们的声音的波长变短了，而远离我们的声音的波长变长了。

光的波长也会发生与之相同的现象。声波会随波长的变化产生"高低"变化，而光波产生的则的是"颜色"变化。例如，离我们远去的天体看上去是红色的，静止的天体看上去是黄色的，逐渐靠近我们的天体看上去是蓝色的。

通过观察光谱中颜色的变化，例如看上去本应为黄色的天体变成红色等现象，我们发现了宇宙中的恒星和星系正在逐渐远离地球的事实。这种说法并不意味着地球是宇宙的中心，只是从地球这个观察点来看，其他天体在不断远离地球。因为整个宇宙空间都在膨胀，所以以任何一个天体为观察点去看其他天体，它们看上去都是在远离的。

如果想象不出这一情况，那么可以尝试在脑海中想象一个可以自由伸缩的橡胶围棋棋盘。围棋棋盘相当于宇宙，棋盘上的交叉点相当于各个星系。如果拉拽棋盘的四角让棋盘"膨胀"，那么棋盘上星系与星系之间的距离就会变大。虽然不管从哪个星系的角度去观察，其他星系看上去都在远离，但是宇宙中并不存在这种"中心"位置。粗略来看，宇宙的膨胀情况与拉拽橡胶围棋棋盘的情况类似。

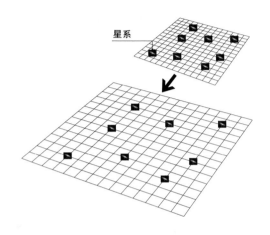

星系

图 1-6　膨胀的空间

10. 远古的余晖：大爆炸理论的证据

空间膨胀时，其内部会发生某种变化。例如，充满氦气的气球飞上天空时，随着气球的高度不断上升，它周围的气压会逐渐降低，从而导致气球发生膨胀。此时，气球内部也会发生一种变化，即"温度降低了"。气球膨胀会导致内部能量变"稀薄"（密度变小），因而内部温度会降低。

宇宙的情况也与此类似，温度也会随着宇宙的膨胀而降低。

现在宇宙的温度为零下 270 摄氏度（换算为绝对温度约为 3 开尔文）。这是一个极其寒冷的世界，不过宇宙过去并非如此。如果将宇宙历史的时间轴往回拉，那么宇宙会不断收缩。当其缩小到极限时，那就是"大爆炸"的瞬间。那时的宇宙应该是非常炽热的。

虽说如此，但这不过是根据星系正在互相远离的事实推导出来的。如果主张宇宙是从"小而热的状态"膨胀而来，也就是真的存在"大爆炸"的话，就需要有能证明它的证据。

美国的乔治·斯穆特和约翰·马瑟发现了宇宙大爆炸的相关证据，他们两人因此获得了 2006 年的诺贝尔物理学奖。他们通过人造卫星 COBE 发现了大爆炸的证据——"宇宙微波背景辐射的各向异性"。

这里出现了看似非常晦涩的专业术语，不过"微波"就是微波炉和手机等设备使用的无线电波。这种无线电波从宇宙的各处向我们传过来，就是"宇宙背景辐射"。

"宇宙微波背景辐射"为什么是大爆炸的证据呢？这是因为，这种微波原本是宇宙炽热时代的"光"。从现在的温度反向计算的话，宇宙发生大爆炸 40 万年后的温度约为 3000 摄氏度，这时光就可以自由传播了。

宇宙诞生 38 万年后的照片
我们目前无法获取更早的影像

2001 年发射的 WMAP 卫星的观测成果
图片来源：NASA/the WMAP Science Team

图 1-7　宇宙微波背景辐射的各向异性

于 1946 年提出大爆炸理论基础模型的乔治·伽莫夫主张，如果这一假设（宇宙到达 3000 摄氏度，光可以自由传播）正确，那么宇宙初期的光的波长，会随着宇宙的膨胀被拉长，并应该以微波的形式被观测到。

1965 年，阿诺·彭齐亚斯和罗伯特·威尔逊发现了证明这一预测的"大爆炸的余晖"，他们因此获得了 1978 年的诺贝尔物理学奖。然而遗憾的是，提出这一预测的伽莫夫因酒精依赖而离世，未能成为诺贝尔奖得主。

不过，仅依靠宇宙微波背景辐射这一证据，还无法保证大爆炸理论万无一失。宇宙背景辐射从整个宇宙几乎均等地倾注到地球上，但大爆炸理论却仅预测出了其中的"小斑点"。

前文中出现的"各向异性"指的就是这里的"小斑点"。斯穆特和马瑟通过 COBE 卫星的观测发现了这种现象。他们发现的各向异性仅为整体的十万分之一。这一发现如果没有科技的进步是无法实现的。

据说，斯穆特收到瑞典皇家科学院的获奖通知时是凌晨2点，被电话吵醒的他非常生气，对着话筒喊道："你怎么知道我的电话号码!?"其实，瑞典皇家科学院先查到的是斯穆特邻居家的电话号码，然后又从邻居那里打听到了斯穆特的电话。瑞典皇家科学院行事，有时候也让人看不太懂。

不过，没过多久斯穆特就转怒为喜了，他把自己的爱车停到了加州大学伯克利分校物理学教室前的停车场。为什么说这是他高兴的表现呢？因为这所大学有诺贝尔奖得主的专用停车位，他迫不及待地想体验一下这种荣誉带来的优越感。

然而，斯穆特当时只是接到了获奖通知，还未参加正式的授奖仪式，因此被开具了"你还没有资格把车停在这里"的罚单。不过，据说后来在斯穆特的央求下，加州大学伯克利学校撤销了他的那项违规停车记录。

11. 宇宙一直在加速膨胀

总之，"宇宙微波背景辐射的各向异性"这一发现完全证实了宇宙诞生于大爆炸，宇宙经历了 138 亿年的膨胀到了现在的状态。介绍完这些背景知识，现在我们终于可以回到"暗能量"的话题上来了。

宇宙的"起点"确实是大爆炸，那么下一个问题是，宇宙的膨胀将持续到什么时候。

关于这一点，目前的研究认为大致有两种可能性，即宇宙会永远膨胀下去，或者膨胀到极限后转为收缩。这两种可能性，都是以宇宙的膨胀速度会慢慢"减速"为前提的。

这看起来似乎是合理的。宇宙始于大爆炸并逐渐膨胀，这就像被用力向上抛出的球。球的全部能量是最初抛掷者施加的，球被抛出后理所当然会逐渐减速。对此，我们自然会认为，球要么继续上升并逐渐减速，要么上升到一定高度后转而下落。

但是，最近的研究发现宇宙的膨胀正在"加速"（后文会详细说明这部分内容）。这也是颠覆我们宇宙观的事实之一。

如此一来，我们只能认为存在某种"透明人"之类的东西在推着"抛出的球"上升。这里的"某种东西"就是暗能量。这种神秘的能量在宇宙背后推动其不断加速膨胀，无论宇宙这个"盒子"变成多大，宇宙空间的密度都不会变小。这种来路不明的神秘能量占据了宇宙总体能量的 70% 以上。

12.21 世纪发现的未解之谜

截至 20 世纪结束，在我们的知识体系中，宇宙中的一切都可以用"原子"来说明。原子中存在原子核和电子，原子核由质子和中子构成，质子和中子由夸克这种基本粒子构成……在原子初次被发现的约 100 年后，物理学对宇宙构成的研究走到了夸克这一步。

但是，即使"衔尾蛇"的尾巴延伸到夸克这一层，也没有完全与"蛇头"连接起来。对于宇宙，我们曾认为"一切都是由原子构成的"，后来的研究颠覆了这一认识，但现在仍然存在很多未解之谜。

我们尚不了解的东西并非仅是暗物质和暗能量，甚至包括某种"不存在的东西"，那就是"反物质"。

对于所有粒子，都存在与其性质相同但电荷相反的"反粒子"，因此对于所有物质，都存在"反物质"（后文会详细讲解这部分内容）。在宇宙大爆炸的瞬间，反物质与物质应该是等量产生的。但是，我们没有在目前的宇宙中找到自然存在的反物质（实验室中已经制造出反物质）。这也是一个巨大的谜题。

另外，在预言反物质存在的理论中，也预言了一种尚未发现的粒子。物质的"质量"便是因这种粒子而产生的。根据预测理论计算，粒子的总能量占宇宙总能量 10^{62}%，这看上去是非常荒唐的。目前来看，这种粒子是什么，以及如何撤回存在这种粒子的预言（否则会乱套），一切都是未解之谜。

这种粒子被称为"希格斯玻色子"。由于对尚不了解（也不知道它是否真的存在）的粒子进行命名会出问题，所以我姑且称其为"暗场"。①

顺便一提，2008 年获得诺贝尔物理学奖的"小林 - 益川理论"，就是关于反物质的研究；此外，物理学家南部阳一郎的功

① 2012 年，欧洲核子研究中心（简称 CERN）宣布正式发现了希格斯玻色子。——译者注

绩也与希格斯玻色子有关。不过，我还是在后文中再介绍这些内容吧。读到这里，大家只要明白"宇宙仍然存在很多未解之谜"就可以了。从 20 世纪末到 21 世纪初，研究者已经揭开了许多之前的"未解之谜"，这本身就是现代物理学的成果和巨大进步。

第 2 章
世界的真相：寻找终极粒子！

1. 日全食与爱因斯坦理论

通过对宇宙的观测，人类知道了很多宇宙的真相。不过，我们了解得越多，新的谜题也会越多。当然，我们目前对宇宙的观测，都离不开望远镜这一重要工具。如果没有望远镜技术的发展，我们可能连那些谜题本身都不会发现。

前文曾介绍美国的哈勃空间望远镜，日本国家天文台也拥有一个大型的光学望远镜，即位于夏威夷群岛的莫纳克亚山山顶上的"昴星团望远镜"。昴星团望远镜的主镜口径达 8.2 米，在 1999 年建成时，它是当时世界上最大的单一镜片光学望远镜。回顾一下昴星团望远镜发现的天体，也能让我们了解它的威力。

例如，2005 年它测出了在鲸鱼座方向发现的星系团到地球的距离为 128 亿光年；2006 年它发现了距离地球 127 亿光年的类星体（Quasar）；2006 年它还发现了与我们相距 128.8 亿光年的星系。

这些望远镜的观测，让我们认识宇宙的边界不断扩展。在各方研究的积累下，我们也对"暗物质"有了一定了解。虽然它的真相目前仍然是谜，但我们已经绘制出了暗物质的"地图"，来呈现它们存在于宇宙何处以及存在多少。

暗物质无法被看到，所以有人或许对绘制暗物质的地图心存疑惑。要理解这件事情，在此不得不再次请出爱因斯坦先生。

想必大家听说过让爱因斯坦声名鹊起的那次"事件"，即1919年南半球出现的日全食。一位天文学家在观测太阳附近的一颗恒星时，发现那天恒星的位置与其夜里的位置相比出现了微小的偏差。

第二天的报纸铺天盖地地报道了这件事情。新闻的主角并不是观测到这一现象的天文学家，而是爱因斯坦的功绩。

因为那颗恒星位置的偏差，与爱因斯坦的广义相对论预测的数值几乎完全一致。这一观测结果证明了广义相对论这一全新理论是正确的。

2. 暗物质的"地图"

广义相对论是说明"引力"如何对物质产生作用的理论。说起引力，我们一般会想起牛顿。牛顿说明了苹果和地球都是在引力的作用下"落下"的，但他并未解释引力为什么能够对物质产生作用。

对于这个问题，爱因斯坦的解释是：引力扭曲空间，从而对物质产生作用。这究竟是怎么回事呢？

例如，假设有一张柔软且平坦的橡胶皮。如果将一个沉重的铁球放到橡胶皮上，那么铁球与橡胶皮接触的部分会发生扭曲，也就是凹陷。

此时，如果在该位置几厘米之外的地方再放一个铁球，情况会如何呢？橡胶皮会产生更大的扭曲，两个铁球会向橡胶皮的凹陷的深处运动，最终撞到一起。如果橡胶皮是由不可见的材料制成的，那么两个铁球看上去就是在互相吸引对方。

现在，请将这张橡胶皮想象成"空间"，将两个铁球想象为"苹果"和"地球"（或者"地球"和"太阳"）。虽然这是一个二维空间的类比，但其实三维空间也会发生相同的现象。

如果能想象出这种画面，那么应该就能大致理解爱因斯坦所言之意了。也就是说，物质的质量使空间发生扭曲，所以物质看上去是相互吸引的。

另外，爱因斯坦认为引力的这种作用不仅会让空间发生扭曲，还会让光的传播发生弯曲。这样的话，恒星的光通过引力强大的太阳附近时，其传播路径便也会发生弯曲。

不过，由于太阳极其明亮，所以我们无法从地球上观察到它附近的恒星。但是，让其成为可能的机会虽然千载难逢，却也并非无处可求。那就是从地球上看太阳变暗的瞬间，即发生日全食的时候。

因此，爱因斯坦提出了在日全食时观测太阳附近恒星位置的方法。后来的研究者按照他的提议进行观测后发现，同一恒星的位置在有太阳时（日全食时）和没有太阳时（夜间）发生了"偏离"。其"偏离"的原因就是光在太阳的引力作用下发生了弯曲。

我们把这种光在天体等物质的引力作用下发生弯曲，使观测者眼中所见结果发生改变的现象称为"引力透镜效应"。

讲到这里，理解能力强的读者可能已经明白了绘制暗物质地图的原理。

暗物质拥有将太阳系束缚在银河系中的强大引力，所以暗物质所在之处自然存在引力透镜效应。来自暗物质身后的恒星或星系的光，通过暗物质的位置时会发生弯曲，望远镜所成的像也会出现各种歪曲现象。对这些歪曲的情况进行具体分析，就能推测出暗物质的分布状况。

我们 IPMU 的高田昌广也参与了暗物质地图的绘制工作。在暗物质地图的绘制中，研究人员用"山的海拔"模拟引力的大小，将"等高线"引入到宇宙空间中。目前，暗物质地图的绘制工作进展得非常顺利。我们可以从这张地图上直观地看到，宇宙空间的大部分是暗物质。人类通过望远镜的观测，成功地看到了"不可见的物质"。

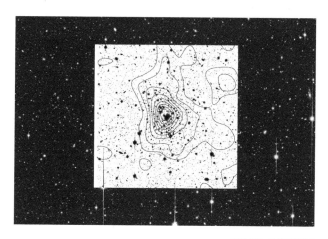

图片来源：高田昌广提供

图 2-1　暗物质地图

3. 远处的宇宙是过去的宇宙

我们用望远镜能够"看见"多远的宇宙呢？如果不断升级

望远镜的尺寸和性能，是否能够观察到正在持续膨胀的宇宙的"尽头"？

很遗憾，答案是否定的。而且，问题并不在于技术上的限制。无论科学技术发展到何种程度，宇宙中都存在一面"厚墙"，遮挡了望远镜这一"眼睛"，让我们无法看到"厚墙"之后的情况。

搭载于人造卫星上的哈勃空间望远镜位于宇宙空间中，它可以避免地球大气扰动的影响，还能保持任意时间的静止状态。因此，无论多么微弱的光，只要有足够的时间，它都能捕捉到。但是，哈勃空间望远镜最远只能观测距离地球 130 亿光年的星系，再远的地方就看不见了。

为什么无法看到比那个星系更远的地方呢？

在此，我们必须认识到一点，那就是在宇宙中观测"远方"相当于观测宇宙"过去的光"。如前文所述，我们看到的月亮是 1.3 秒前的月亮，看到的太阳则是 8.3 分钟前的太阳。我们看到的仙女座大星系是它 230 万年前的样子，所以我们并不知道现在它是否真的还是银河系的"邻居"，至少我个人认为它应该还没有"搬家"（笑）。

总之，我们观察距离地球越远的地方，就相当于逆溯时间去观察越早期的宇宙。宇宙中存在望远镜无法观察到的领域，并不是因为那些地方太"遥远",而是因为那里是"远古时期的宇宙",它无法被看见。研究认为,宇宙诞生于约 138 亿年前。宇宙诞生后的 2 亿年间,是尚未出现天体的时期。当时宇宙中只有零散的原子和暗物质。因此,在那个时期的宇宙中是没有任何"光"的。

所谓"看见"就是"捕捉到光"。所以不管是性能多么好的望远镜,都无法从没有光的"黑暗时期"的宇宙中获取任何信息。

4. 光和无线电波无法通行的"厚墙"

虽说如此,但也并非完全没有办法去"观察"黑暗时期的宇宙。

黑暗时期的宇宙中虽然没有可见光,但只要存在氢原子,就会释放出无线电波。如果能捕捉到这种无线电波,那么按照绘制暗物质地图的方法,我们也能调查出黑暗时期宇宙的原子分布情况(存在于何处以及有多少)。虽然这一想法目前仍然处于计划阶段,但我们"看见"黑暗时期宇宙的时刻迟早会到来。

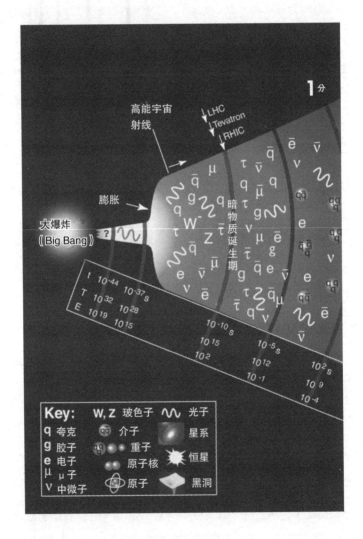

图 2-2 宇宙的历史

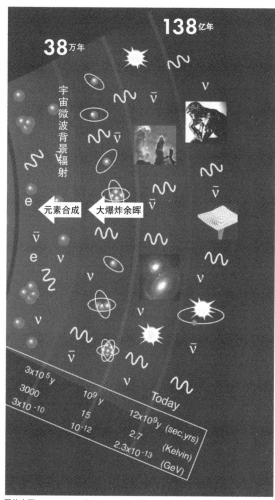

图片来源:Amsler et al. (Particle Data Group), Physics Letters B667,1 (2008)

不过，令人遗憾的是，这里的"看见"是有极限的。通过捕捉氢原子的无线电波的观测方法，最远只能看到宇宙诞生后38万年左右的样子。这是因为更早期的宇宙非常炽热，原子无法维持自身的状态，其原子核与电子是分散存在的。

当某个空间是"炽热"状态时，其内部便充满了能量。反过来说，能量越高也就越热。例如，在我们感到"寒冷"的日子里，空气中的原子的活动是缓慢的；当我们感觉"炎热"的时候，由于空气中的能量很高，所以原子的活动非常活跃。

另外，诞生不久的宇宙并非用"热"就能简单形容。那时的宇宙如同一个"火球"，其中存在各种以高能状态剧烈运动的粒子。在这种情况下，原子核与电子无法稳定下来组成原子。

原子核与电子组成原子时，原子核带正电，电子带负电，它们彼此的电荷相互抵消，从而使得原子呈电中性。但是，如果原子核与电子都是自由状态的话，那么它们就都带电了。在各种自由运动的粒子交织的空间中，光和无线电波等电磁波是无法径直通过的，因为电磁波会与带电粒子发生碰撞。这恰如光被雾中的粒子反射，进而无法穿透雾一样。

这种弥漫着自由粒子的空间，就是宇宙诞生38万年后的

"厚墙"。宇宙更早期的光和无线电波都无法穿透这面"厚墙"。所以，无论我们如何努力都无法观察到更早期的宇宙。

自 400 多年前的伽利略时代以来，人类不断提升望远镜的性能，并观察到了更加遥远的宇宙。如果用"衔尾蛇"来类比，这就相当于身处"衔尾蛇"躯体的正中间部分的人类，在试图观察蛇头。

不过，蛇的喉部附近却有一面无法逾越的厚墙，因此我们无法看见蛇头和嘴的情况。我们尝试探索宇宙这条"蛇"的全貌，却在距离真相一步之遥处被迫停住了脚步。

5. 从物质本原迫近宇宙起源

不过，对于"衔尾蛇"喉部的障碍，我们并非完全无计可施。

"衔尾蛇"吞食着自己的尾巴。这样的话，我们也许可以用其他方法观察蛇头的内部。之前我们是沿着蛇的躯体直接去探索蛇头的方向，这次不妨反向而行，通过探索蛇尾来观察蛇头。我们用望远镜无法看到的蛇头，肯定在蛇尾处张着大嘴等着我们。

现在，终于轮到"基本粒子物理学"登场了。

宇宙"厚墙"之后的早期宇宙空间中，是各种以高能状态运动的基本粒子。虽然我们无法直接观测这些粒子，但可以在地球的实验室中研究它们。现代基本粒子物理学，就是探索望远镜无法看到的宇宙初期情况的研究领域。

当然，基本粒子的研究的最初课题并非"宇宙的起源"，而是"物质的本原"。基本粒子研究认为，所有物质应该都存在某种共通的"基础之物"。

例如，古希腊哲学家泰勒斯认为"万物由水构成"，这是约公元前 6 世纪的观点。在泰勒斯之后的约 200 年，亚里士多德提出了一切物质均由"土、水、气、火"这四种元素构成的主张。亚里士多德的老师柏拉图则提出了"理念"（Idea）才是真实存在的理念论。同样是哲学家，他们对这一问题的思考却相去甚远。

其中，与现代基本粒子物理学相通的观点，是由比亚里士多德时期稍早的哲学家德谟克利特提出的。他认为所有物质都仅由一种"粒子"构成，并将其命名为"原子"（Atomon）。

"Atomon"即后来的"Atom"一词的词源，意为"不可再分"。泰勒斯和亚里士多德都将自己熟知的物质作为"物质的本原",而德谟克利特则不同,他构想了一种看不见的粒子。基本粒子物理学家经常预言存在未知的粒子,或许可以说,德谟克利特是该领域的第一位"预言者"。

不过,人类经历了漫长的岁月才真正发现德谟克利特所预言的"原子"。直到17世纪,在被提出时并未受到多少关注的"原子论"重新登上了历史舞台——德谟克利特提出的"原子论",在两千年之后枯木逢春。

17世纪,炼金术在欧洲盛行。在炼金术的经验中,人们发现存在一些无法用其他物质合成出来的物质,例如金和银等。罗伯特·波义耳(波义耳定律的提出者)将这些物质命名为"元素"。他认为种类不同的元素是由不同种类的原子构成的。

19世纪初期,约翰·道尔顿和阿莫迪欧·阿伏伽德罗提出了新的观点,即元素由质量不同的原子构成,不同原子结合成分子。这种关于不可见领域的观点,在当时招致了怀疑。虽然现在任何人都觉得这是常识,但在当时这是令人震惊的新学说。

之后,关于"物质的本原"的研究不断发展。从原子由原子核和电子构成,到原子核由质子和中子构成,再到质子和中子可以继续分为夸克……宇宙大爆炸理论出现后，"物质的本原"研究开始与"宇宙的起源"研究连接在一起。

例如，用万有引力定律将"天上和地上的物质"统一的牛顿，也曾研究过让原子结合在一起的作用力究竟是什么。但是，他并没有把"物质的本原"与"宇宙的起源"关联起来。这是因为在牛顿的时代，"稳态宇宙理论"（认为宇宙不会发生任何改变的观点）是人们对宇宙的常识。

6. 用电子的波观测极小世界

以前的宇宙是"小而热"的状态，在我们了解了这件事后，基本粒子研究也就相当于"衔尾蛇"的尾巴了。

那么，我们该如何观测"蛇尾"的微观世界呢？

对于"极大"的宇宙，我们无法观测其尽头。观测"极小"的微观世界，同样也非常困难。观测宇宙中遥远的天体需要使用望远镜，观测微观世界则必须使用高性能的显微镜。

例如，现在的显微镜已经能让我们"看到"原子的样子。原子的直径约为 10^{-10} 米，是 1 厘米的亿分之一（1 埃米）。不过，有人可能还是无法直观把握这是多大。将一个1埃米的原子扩大到苹果的大小，按同样的放大率则会把苹果扩大到月球轨道的大小。这样一说，大家应该能感受到原子的大小了。

观察如此微小的物质，我们只能提高显微镜的分辨率。另外，提高显微镜的分辨率需尽可能使用"波长"较短的东西。

这里可以用FM收音机与AM收音机为例，来说明波长与显微镜分辨率的关系。我们在汽车内听收音机，当汽车进入有建筑物遮挡的区域时，FM有时会出现无线电波中断的情况，而AM则不会如此。这是因为FM的波长比AM的短（频率高）。

如果FM收音机的频率为90兆赫，那么其波长约为3米。1000千赫左右的AM的波长则约为300米。此时，这两种无线电波遇到10米宽的建筑物时，情况会如何呢？

FM无线电波的波长为3米，小于建筑物的宽度，所以会和建筑物发生"碰撞"；AM无线电波的波长大于建筑物的宽度，因此它可以绕过建筑物继续传播。这种情况还可以换一种说法，即FM的无线电波"注意到"了建筑物的存在，而AM的无线电波没有"注意到"建筑物。也就是说，注意到障碍物的FM无线电波"看到"了建筑物。

为收音机传递"声音"的无线电波"看到了物质"，这听起来有些滑稽。不过，我们使用望远镜和显微镜观测某些物质时，必须要使用某种"波"去撞击观测对象，才能"看见"它。观测的分辨率则由负责撞击的"波"的波长决定。要想"看到"原子，则需要使用能够与原子发生碰撞的短波。

可见光的波长无法观察微小的粒子。在此，电子显微镜便代替光学显微镜出场了。那些光波无法"注意"到的对象，电子的波则会"注意"到。

7. 量子力学的开端：光是波还是粒子？

读到这里，大家可能会有疑问，即无线电波和可见光（统称"电磁波"）有波长可以理解，难道"电子"这种粒子也有波长吗？

电子确实具有波长。

所有"粒子"都像"波"一样传播，所有"波"又都像"粒子"一样活动。虽然这种说法可能听起来像禅语，但是物理学中早在100年前就存在这种说法了。那也正是"量子力学"的开端。我先简单介绍一下这部分内容，之后再回到显微镜的话题上。

量子力学这一全新力学的诞生契机是，原本被认为是波的"光"，被发现会像"粒子"一样活动。

在 19 世纪末的德国，为了提高铁的冶炼效率，准确测定熔炉温度的研究非常盛行。然而，研究者从中发现了奇妙的现象，即熔炉中光的强度不会跟随温度出现连续的变化，而是表现为"离散的值"。

物理量会连续地变化是基本常识，例如水被加热后温度的连续上升，踩油门后车速的连续提升，等等。水的温度不会从 50 摄氏度直接跳跃到 53 摄氏度，汽车的速度也不会从 95 千米每小时直接变为 100 千米每小时。

但是，光的能量就发生了这样的现象。为了解释这一现象，德国的物理学家普朗克发表了"量子假说"。根据该假说，光的能量的数值，不过是某个特别小的系数（普朗克常数）与光的频率（与波长成反比）的乘积的整数倍。因此，这个数值不会发生连续变化，而是"离散的值"。我们也可以将"量子"理解为表示这种"离散的值"的概念。这一发现与后来出现的量子力学密切相关，所以普朗克也被誉为"量子理论之父"。

"离散"的幅度极其微小时，若将其变化情况绘制成宏观的图像，则我们会看到连续的直线。不过，将图像放大并从微观角度观察，则会发现其变化是成阶梯状的。微观世界中似乎存在与宏观世界不同的奇妙物理法则。或者说，我们认识中的支配宏观世界的法则，只不过是微观世界中的法则（量子力学）的"近似值"。

之前，光一直被看作"波"，将光看作"粒子"的观点则源于量子假说。这个理论被称为"光量子假说"，由爱因斯坦于1905年发表。爱因斯坦认为，"光是带有能量的粒子的聚合体"，这一构想也解开了"光电效应"现象的谜题。

光电效应是指，用频率较高的光照射某些金属时，这些金属中的电子被激发出来并形成电流的现象。其具体内容在此就省略不谈了，总之如果光是"波"的话，那么就无法解释这一现象；但是，如果光是"粒子"，那么激发出电子的现象就顺理成章了。

提起爱因斯坦，我们一般会想到他的相对论。不过，爱因斯坦在1921年获得诺贝尔奖的原因是对光电效应的研究，这可能会让不少人感到意外。为爱因斯坦提供启发和线索的普朗克，也因提出了量子假说，于1918年获得了诺贝尔奖。

8.围绕原子核旋转的电子是波!

刚才所说的内容确实离显微镜的话题有些远了，不过还请大家再等一下。

现在，话题的主角将从"光"转为"电子"。在普朗克和爱因斯坦的发现的基础上，法国物理学家德布罗意提出了新的设想，即如果被认为是波的光具有"粒子"的性质，那么被认为是粒子的电子也可能具有"波"的性质。

德布罗意提出这一设想，是为了寻找一个问题的答案，即"为什么电子在原子核附近绕其旋转"。

原子核带正电，电子带负电。按照当时的物理学理论，如果电子做圆周运动，那么它会因释放电磁波而损耗能量，进而在电磁力的作用下被原子核吸引过去。一旦如此，原子便无法保持稳定结构，会立即被破坏掉。

不过，现实的情况并非如此。电子始终围绕着原子核旋转。自原子结构被发现以来，"为什么电子在原子核附近绕其旋转"便成了棘手的难题。

针对这一难题，对"早期量子论"做出重大贡献的丹麦物理学家玻尔曾提出一种设想，即原子核周围存在像火车铁轨般的固定轨道，电子在这种轨道上旋转时不会损耗能量。这种轨道的大小，为包含普朗克常数的值的整数倍，也就是"离散的值"。

德布罗意为玻尔的设想提供了理论依据。如果认为电子是"波"的话，那么就能顺利地解释玻尔的假说。

如果电子是波，那么它的圆周运动则完全不同。原子核附近的电子不再是围绕原子核做旋转运动，而是以波的形式围绕在原子核附近做起伏波动。要让这种波保持稳定状态的话，其轨道长度必须为"波长"的整数倍。否则，起伏一周的波的"波峰"和"波谷"会无法完全重合，波动就会因干扰而消失。

这样的话，电子的轨道长度就如玻尔所言，是"离散的值"了。原子核周围存在若干长度为波长整数倍的轨道，电子在这种轨道上运动不会损耗能量，因此也不会被原子核吸引过去。

德布罗意认为，"波"的性质并非电子所独有，而是所有粒子都有这一性质。德布罗意将其称为"物质波"。所有粒子都是波，也就相当于说所有物质（当然也包括我们自身）都是波。

原子中的电子的波长为一亿分之一厘米左右，生活在宏观世界中的我们自然无法直观把握它的大小。不过，美国物理学家戴维孙与英国物理学家 G. P·汤姆生，在 1927 年各自通过实验成功地验证了电子具有波的性质。

另外，日立制作所的外村彰在 1989 年的双缝实验中，完美呈现了反映电子具有波动性质的"干涉条纹"，备受世界瞩目。

在双缝实验中，需要准备一块凿有两条狭缝的不透明挡板，在挡板的一侧放置侦测屏，从挡板的另一侧发射电子束。电子束穿过挡板时，挡板会阻挡电子前行，因此穿过挡板缝隙的电子在侦测屏上的"弹着点"应该是可以预测的，然而事实并非如此。电子在侦测屏上的"弹着点"，看上去完全是随机分布的结果。

不过，如果观察大量电子在侦测屏上留下的痕迹，那么就能发现侦测屏上会出现某种图案，即"波"所特有的"干涉条纹"。向水中投入两块石头，两次水波的重合处会出现某种条纹，电子的"干涉条纹"就与之类似。

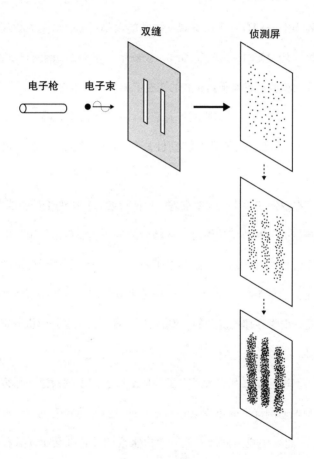

图 2-3 双缝实验

9. 电子显微镜与电子的波长

至此，我们终于讲完了电子是"波"的相关内容。虽然感觉上绕了一大圈，但电子显微镜的原理正是利用了电子的这一性质。

不过，原子中的电子的波长约为一亿分之一厘米（10^{-10} 米），这与原子的直径几乎相同。就像 FM 收音机的无线电波"发现"建筑物的情况那样，若想让电子的波"注意"到原子，则必须让其波长变得更短。

波长与频率成反比，提高频率就可以使波长变短。那么，应该如何提高波的频率呢？答案是"提高能量"。电子的动能越大，其频率就会越高，波长也随之变得越短。电子显微镜的工作原理就是通过加速电子来提高能量，让短波电子束与观察对象发生碰撞。

例如，美国的劳伦斯伯克利国家实验室中的电子显微镜对电子施加的电压为 30 万伏特，这相当于《精灵宝可梦》中皮卡丘的电气绝招"十万伏特"的 3 倍，这真是不得了的能量。

用这种级别的能量对电子加速后，电子的波长就会缩短到原子直径的二十分之一左右。这样一来，电子的波也就不会绕过原子了。

用于进行观测的电子与原子相撞后会四散弹开，其方向和距离由撞击对象的形态决定。因此，通过分析电子被弹射的情况，就能了解（看见）观察对象的情况。

10. 在加速器中创造初生的宇宙

粒子加速器其实也是使用电子显微镜的这一原理制作出来的。基本粒子物理学实验中经常会出现巨型设备，例如欧洲核子研究中心（CERN）的大型强子对撞机（Large Hadron Collider，简称LHC）是世界上最大的圆形加速器。由汤姆·汉克斯主演的电影《天使与魔鬼》中出现的"反物质"（在电影中，反物质的被盗导致了梵蒂冈的各种动荡）就是由LHC制造出来的。

加速器种类繁多，但其基本原理与电子显微镜并无二致。例如，LHC的工作原理如下：在周长为27千米（顺便介绍一下，日本山手线一圈的长度为34.5千米）的加速器中，对质子施加 7 万亿伏特的电压，让质子如同山手线的"内环"与"外环"那样相向运动。与山手线的不同之处是，相向运动的质子会在中途发生碰撞。也就是说，加速器让在高能量下波长缩短的粒子相互碰撞，然后观察会发生什么。

图片来源: CERN

图 2-4　大型强子对撞机（LHC）

前文曾提到，初生之时的宇宙中弥漫着自由运动的电子、质子和中子，这是一种高能量的状态。因此，也可以说，对粒子施加高能并使其对撞的加速器，是一种再现宇宙初生时期状态的设备。

得益于加速器技术的发展，我们已经能够从"衔尾蛇"的

蛇尾方向去观察蛇头，即越过了那面阻碍我们用望远镜观测黑
暗时期宇宙的"厚墙"。

11. 我们生于超新星

　　实验技术的进步，也让我们发现了越来越多的原子（元素）
种类。说到元素，不少人可能会想起上学时背诵元素周期表的
经历。随着新的元素不断被发现，现在的元素周期表也已经更
新。在前些年，俄罗斯的研究者已经发现了 118 号元素。

　　不过，自然界中存在的最重元素是原子序数为 92 的铀。比
铀重的那些新元素，都是人类在加速器或核反应堆中强行合成
出的，因此这些新元素会在诞生后马上衰变。

　　但是，原子序数 1 到 92 的元素，也并非从一开始就存在于
自然界（宇宙）中。在大爆炸后宇宙诞生的瞬间，原子是不存
在的。在当时炽热的宇宙中，存在极高的运动能量，因此所有
粒子都是各自自由运动的。

　　原子的形成（质子与中子组成原子核，电子围绕原子核运
动）是宇宙空间的温度随着宇宙膨胀而不断降低之后的事。不

过，宇宙中最初形成的元素仅是一些轻元素。根据加速器实验的结果，宇宙诞生 1 分钟后形成的元素是原子序数为 1 到 3 的元素（氢、氦、锂）。

那么，对我们生存而言不可或缺的氧和碳是什么时候形成的呢？

在宇宙出现恒星后，恒星的核聚变反应开始产生了氧和碳。大家可能知道太阳内部发生的核聚变。当然，其他恒星的内部也存在相同的情况。在此，我以太阳为例来说明。

在太阳的内部，氢在核聚变反应下会变成氦，同时释放出巨大的能量。不过，太阳的氢并非无穷无尽。根据预测，太阳的氢将在约 45 亿年后耗尽，届时太阳会开始燃烧氦。

顺便一提，那时的太阳应该会膨胀到非常巨大，地球也会被它吞噬。不过在那之前，银河系可能已经与仙女座大星系相撞了。

总之，恒星内部发生氦的核聚变反应时，便产生了碳和氧等元素。元素周期表中一直到铁（原子序数为 26）的元素，都是这样产生的。

不过，这些元素都在恒星内部产生，这样无法解释为何地球等行星会存在碳和氧等元素。这似乎需要有人把恒星内部的元素播撒到宇宙空间才可以。

当然，恒星中并没有"开花爷爷"那样的人物，因此恒星将内部的元素播撒出去的途径只能是恒星自身的爆炸，即"超新星爆炸"。寿终正寝的恒星会发生爆炸，爆炸播撒出的物质会成为下一个新生星体的材料。宇宙中不断重复着这样的轮回。结果，地球等行星上便出现了各种各样的元素。如果没有超新星爆炸，那么地球上可能就不存在构成我们身体的碳了。也就是说，我们的身体是由恒星的"星尘"构成的。

至于比铁元素更重的铜、银、金和铅等元素是在什么地方形成的，目前仍是未解之谜。我们唯一知道的是，它们不是通过恒星的内部反应产生的。研究领域一般认为，它们可能是超新星爆炸产生的气体大量吸收附近的中子等粒子后，原子不断变大的结果。不过，真相究竟如何，我们只能等待今后的研究了。

12. 原子的土星模型与卢瑟福实验

古希腊的德谟克利特将构成万物"基础"的粒子称为"原

子"，但是"原子"并不是基本粒子。其实，这并不是说德谟克利特的预言有偏差，只是认为原子"不可再分"并将其命名为"原子"的做法太着急了而已。

电子和原子核的发现，意味着原子并非最终的基本粒子。那么，原子的内部结构是如何被"看见"的呢？

19世纪末，研究者发现了原子内部存在带负电的电子。但是，原子整体是呈电中性的，因此原子内部应该存在带正电的部分。于是，研究者构建了两个关于原子内部结构的模型，它们分别为"西瓜模型"和"土星模型"。前者认为电子散布在原子内部，就像西瓜籽那样；后者则认为电子围绕带正电的粒子旋转，就像土星的卫星那样。

20世纪初，英国物理学家卢瑟福为了研究原子的内部结构，设计并进行了一个著名的实验。实验的主要方法是用带正电的 α 粒子轰击金箔。卢瑟福预想的原子结构为"西瓜模型"，所以他认为 α 粒子会不受干扰地通过金箔。因为如果原子的结构是西瓜模型，那么其内部的正电荷是以低密度状态分布的，所以 α 粒子应该几乎不受其影响。

实际情况是，绝大多数 α 粒子穿过了金箔，但并非所有 α 粒子都穿过了，有的 α 粒子偶尔会被弹回来。

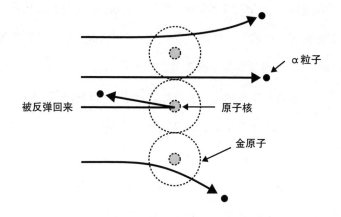

图 2-5　卢瑟福的 α 粒子散射实验

α 粒子

被反弹回来

原子核

金原子

　　面对这一结果，卢瑟福大为吃惊，感慨道："射向纸巾的子弹竟然被弹了回来！"

　　将 α 粒子弹回来的是电荷的斥力作用。原子内部应该存在带正电的东西，所以才将同样带正电的粒子弹了回来。另外，绝大多数粒子通过了金箔，这意味着原子内部带正电的东西的周围是很空荡的。

　　像这样，研究者最终发现了原子的内部结构，即原子中央处存在带正电的原子核，带负电的电子则围绕原子核旋转运动。前文曾提到，原子核与电子之间的距离非常遥远。如果将原子核看作棒球，那么原子整体则相当于山手线一圈那么大。原子内部有如此大的空间，所以卢瑟福实验中绝大多数 α 粒子能顺利穿过金箔也是自然之情。

13. 夸克：无法再分割的基本粒子

在原子核被发现后，人类寻找"基本粒子"的研究仍在继续。后来，更高分辨率的微观粒子探测结果表明，有一百多种原子其实是由质子、中子和电子这三种粒子构成的。

目前，电子被认为是"不可再分割的"，而进一步提高分辨率的微观粒子探测研究显示，质子和中子由更微小的粒子构成，那就是被称为"夸克"的基本粒子。

原子、原子核、质子和中子都有相应的意译名称，但"夸克"保留了外来语 quark 的叫法。夸克的名字是由其发现者从詹姆斯·乔伊斯的小说《芬尼根的守灵夜》（*Finnegans Wake*）中选取的词语，而且这个词的含义其实是一种鸟的叫声，因此很难进行意译。

夸克也存在不同的种类，这部分内容将在后文详细介绍。目前，夸克被认为是"不可再分割的基本粒子"。

不过，拥有多个"种类"的夸克，可能也会像原子那样，仍然存在内部结构（即可以继续分割）。进一步提升"显微镜和加速器"的能量，缩短探测的波长，或许我们就能"看到"夸克的内部结构。这样一来，"衔尾蛇"的蛇尾部分也会变得更加细长。

14. 标准模型：20 世纪物理学的金字塔

如前文所述，在 100 多年前的 20 世纪初，物理学迎来了巨大的转型期。在此期间，研究者不仅发现了原子的结构，还发现了光也是"粒子"（以及粒子也是"波"）的事实。另外，相对论和量子力学的出现也让物理学发生了进一步的革新。

之后，在"从基本粒子到宇宙"这一庞大的领域中，现代物理学解开了很多谜题。当然，医学、生物学、化学等领域也取得了长足发展，但就自然科学而言，说 20 世纪是"物理学的世纪"并不为过。

20 世纪物理学研究的顶峰是"标准模型"。

标准模型回答了基本粒子物理学的两大课题，即"物质是由什么构成的"和"支配物质的基本法则是什么"。关于标准模型的具体内容，我会在后文详细介绍。我认为"标准模型"这一研究成果，可以称作"20世纪物理学的金字塔"。

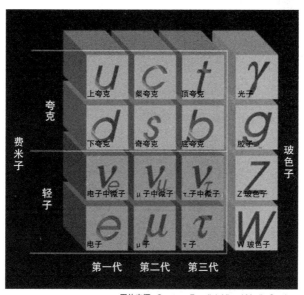

图片来源：Courtesy Fermilab Visual Media Services

图 2-6　基本粒子的标准模型

15. 第一代夸克：上夸克与下夸克

关于"物质是由什么构成的"，虽然前文已略有提及，但那些内容不及冰山一角。原子分解后可以得到"电子"和"夸克"，然而基本粒子的种类远不止如此。

地球上现存的原子，其内部的质子和中子由"上夸克"（u）和"下夸克"（d）两种夸克构成。质子和中子的具体结构也已经明晰，即质子由2个u和1个d构成，中子由2个d和1个u构成。后文会详细讲解它们各自的性质，现在请大家先了解质子和中子都是由3个夸克构成的。

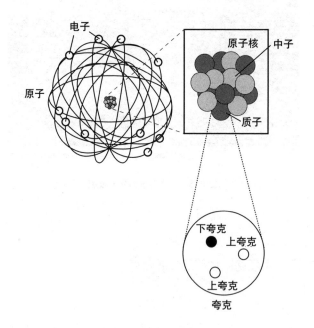

图2-7　原子的结构

这样的话，我们是否可以说，世界是由电子、上夸克和下夸克这三种基本粒子构成的呢？事情并没有这么简单。虽然原子是由这三种粒子构成的，但是宇宙中还存在前文提到过的中微子（确切地说是电子中微子）这种基本粒子。

"电子、上夸克、下夸克和电子中微子"这四种基本粒子在标准模型中被称为"第一代"。有的读者可能会想，既然叫"第一代"，那么之后应该有"第二代"。其实，从结论来说的话，基本粒子一共有 3 个世代。

16. 意外发现的神秘基本粒子

第二代以后的基本粒子存在于宇宙的形成时期，现在的地球上已经不存在这些粒子。不过，对宇宙射线的观测和实验已经确认了它们的存在。宇宙射线指宇宙空间的高能射线，它们会源源不断地到达地球。

在第二代基本粒子中，首先被发现的粒子是"μ子"（渺子）。不过，μ子并不是在"基本粒子有第二代粒子"的前提下被发现的，而是研究者先发现了μ子，之后又对基本粒子做了分类。而且，没有任何人曾刻意去寻找μ子，这一基本粒子的发现完全是一场意外。

1937年，美国的安德森和其学生内德梅耶发现了μ子。安德森因发现"正电子"（电子的反粒子）而获得了1936年的诺贝尔物理学奖。其实，他从宇宙射线中发现未知粒子时，曾以为这种粒子是"介子"。

介子是汤川秀树博士在理论上预言存在的粒子。汤川博士的理论回答了"为什么质子和中子能构成原子核"这一问题。质子之间会因彼此都带正电而互相排斥，所以如果原子核中没有其他的"力"产生作用，那么原子核应该无法稳定存在。

汤川博士构想了一种未知的新粒子，将其作为传播这种"力"的媒介。在原子核的内部，质子与中子通过交换该粒子，并在这种力的作用下紧密结合在一起。简单来说，这就是汤川理论的核心。汤川博士假设的这种未知粒子比电子重、比质子和中子轻，因此被命名为"介子"。

安德森之所以认为他发现的新粒子是"介子"，是因为这种粒子的质量与汤川理论预言的粒子极其接近。但是，经过仔细研究后他发现，该粒子与汤川理论所说的介子性质不同。这一新粒子的质量是电子的 200 倍，这与汤川理论中的新粒子一致，但是新粒子的性质却与电子非常相似。研究者完全搞不明白为什么会存在这样的粒子。因此，诺贝尔物理学奖得主伊西多·拉比曾怒斥道："是谁点了这样的东西！"

存在的物质就是存在的，生气也没有用。不过，对于我们而言，μ 子也并非无用之物。例如在对埃及金字塔的探查中，就使用了大量这种来自宇宙的粒子。

在古老的传说中，吉萨金字塔中有一间神秘的"密室"，珍奇异宝沉睡其中。不过，即便真的存在这样的密室，我们也无法从外部看到它，而且因为吉萨金字塔没有任何通道，所以也无法进入内部调查。即便如此，我们也不能为了调查金字塔的内部情况而去破坏金字塔。在这种情况下就需要用一种"非破坏性探查方法"来探测金字塔内部是否存在中空的空间，而这种探查方法就用到了 μ 子。

在日常环境中，每分钟约有 1000 个 μ 子穿过我们的身体。同样，μ 子也会穿过地球上的其他物体，包括金字塔。如果金字塔内部为实心，那么 μ 子就会与岩石中的原子发生碰撞，导致自身数量减少。我们可以计算 μ 子通过金字塔之后数量减少的程度，以此来判断其中是否存在"密室"。如果存在"密室"这种中空的空间，那么 μ 子就不会减少。令人遗憾的是，调查结果显示金字塔内部并不存在"密室"。不过，由这件事情可以看出，物理学家发现的 μ 子在考古学中发挥了重要作用。

顺便一提，现在日本东京大学正在利用 μ 子对火山进行观测研究。在该研究中，研究者通过调查穿过火山内部的 μ 子数量，来研究火山岩浆的状态。简单来说，这就像给火山做 X 光检查一样。由于预算上的限制，目前的研究规模比较小，不过"通过观测岩浆密度变化来预测火山的爆发期"在未来或许能实现。

后来的研究发现，μ 子与介子并非毫无关系。汤川理论预言的介子（确切地说是 π 介子）被发现后，介子能够衰变成 μ 子的性质也随之被发现。

另外，π 介子衰变时会释放出中微子，但这种中微子与中子发生 β 衰变时释放出来的中微子（与电子一起被释放出）是不同的。因此，这种第二代的中微子被命名为"μ 子中微子"，以便与第一代的"电子中微子"区分。

17. 小林 – 益川理论：夸克至少有三代

像这样，比第一代基本粒子"电子与电子中微子"质量更大的第二代基本粒子"μ子与μ子中微子"，便被发现了。

在夸克的研究中，也出现了类似的情况。研究者从宇宙射线中发现了与下夸克性质几乎相同（除了质量更大以外）的新夸克，并将其命名为"奇夸克"。

如此一来，"所有基本粒子都存在世代"的说法似乎应验了。当然，研究者也继续假设还存在与上夸克性质相同，但质量更大的夸克。

不过，研究者一直没有找到这种假设中的新夸克。在使用加速器制造新粒子时，粒子的质量越大，所需要的电压也越高，因此这项研究非常困难。

然而，在艰难寻找新夸克的时期，却有两位物理学家大胆提出了"夸克家族应该有三代以上"的预言。他们便是获得2008年诺贝尔物理学奖的小林诚和益川敏英。在第二代夸克尚未找全的情况下，他们却认为夸克还存在第三代。1973年，他们发表了相关论文，这让当时的很多物理学家震惊不已。由于这一预言过于超前，当时也有不少人认为他们两人的观点是无稽之谈。

但是，就在论文发表的第二年，也就是 1974 年，研究者就发现了与上夸克对应的新夸克，并将其命名为"粲夸克"。物理学家们将这一重大发现称为"十一月革命"。我稍后会给大家介绍一部关于这次发现的电视剧。

就这样，第二代基本粒子总算全部被发现了。到 1975 年，轮到第三代基本粒子登场了。研究者在这一年发现了性质与电子相同、质量比 μ 子大的"τ 子"（陶子）。τ 子也存在与之成对的中微子，这种中微子被命名为"τ 子中微子"。

如果电子有 3 个世代，那么夸克似乎也会有 3 个世代。在 2008 年诺贝尔物理学被揭晓之前，很多人可能并不知道小林 - 益川理论，但其实早在 20 世纪 70 年代后期，物理学界就已经出现了关于小林 - 益川理论能否被证明的研究热潮。

一直到 1977 年，人类才首次发现第三代夸克。这种新夸克被命名为"底夸克"，其性质与下夸克相同，但质量比奇夸克大。底夸克被发现后，寻求所有第三代夸克只是时间问题了——只要不断提高加速器的能量，与上夸克、粲夸克对应的第三代夸克迟早会被找到。

　　然而，寻找剩余的第三代夸克所花费的时间远远超出预期。虽然 20 世纪 70 年代不断有新粒子被发现，但到了 20 世纪 80 年代，便没有发现新粒子的消息了。日本的高能物理研究所也使用大型加速器启动了研究项目 TRISTAN，可依然没有找到新夸克。在这一时期，小林和益川两人可能也会焦虑不安吧。

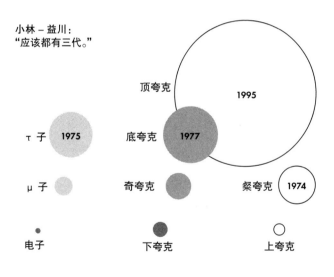

图 2-8　夸克的 3 个世代

　　不过，在 1995 年，也就是底夸克被发现的 17 年后，美国的费米国家加速器实验室终于确认发现了"顶夸克"。顶夸克的质量约为上夸克的 5 万倍，与金原子的质量相当。即使将顶夸克与同代的底夸克相比，其质量也是底夸克的近 40 倍。顶夸克的质量如此之大，所以寻找它才花费这么久的时间。随着加速器能量的不断提高，小林－益川理论关于基本粒子至少有 3 个世代的预言终于得到了验证。

18. 负责传递"力"的基本粒子

在此，我们先整理一下基本粒子的 3 个世代。

第一代：电子、电子中微子、上夸克、下夸克。

第二代：μ 子、μ 子中微子、粲夸克、奇夸克。

第三代：τ 子、τ 子中微子、顶夸克、底夸克。

虽然我很想说"构成宇宙的基本粒子已经齐全"，但标准模型所包含的基本粒子并非只有这些。现在列举出的十二种基本粒子都叫作"费米子"。除此之外，标准模型中还存在叫作"玻色子"的基本粒子。

有的读者可能觉得看不懂这些术语了，不过"费米"和"玻色"都是物理学家的名字，大家无须过于在意其字面意思。对于费米子与玻色子的区别，我先从"粒子是否能置于同一位置"这一点出发来讲解。

对于"粒子是否能置于同一位置"，有的读者可能不知道我在说什么。打个比方，假如这里有一个苹果，那么在这个苹果所占据的空间里，我们无法再放进去一个苹果。所谓物质，就是这样的东西。

费米子的十二种基本粒子，都具有这样的性质（这叫作"泡利不相容原理"）。存在电子的地方便无法再放置其他电子，多个夸克也无法重叠存在于同一空间中。

玻色子则不遵循不相容原理，同一地方可以容纳任意数量的玻色子。这听起来让人觉得不可思议。不过，如果大家知道"光子"是玻色子的话，大概就能理解了。DVD 和光通信中使用的激光便是这种情况，光可以任意重叠以增加强度。如果有读者现在还认为"光是波"，那么估计是没有仔细阅读前面的内容，请好好反省一下吧（笑）。光是"波"，同时也是"粒子"。

至于玻色子除了光子之外还有哪些，我会在后文中讲解。

总之，玻色子这种粒子不遵循不相容原理，因此它们也无法构成物质。那么，这种粒子存在的意义是什么呢？

在此，大家可以回想一下起前文提到过的"π介子"。这种粒子负责传递质子和中子之间的"力"，从而使两者结合。不过，π介子本身并不是"基本粒子"，而是由夸克和反夸克（夸克的反粒子）构成的复合粒子。因此，π介子没有进入"标准模型"的基本粒子名单中。

那么，为什么π介子可以让质子和中子结合在一起呢？这是因为构成π介子的夸克中，有可以传递"力"的基本粒子。这种"传递力的基本粒子"正是玻色子。

从这里开始，本书就转向第二个主题了。

对于本书的第一个主题"物质是由什么构成的"，我们得到的答案暂时是"十二种费米子"。本书之后的内容将介绍"支配物质的基本法则是什么"。所谓基本法则，换句话说就是作用于物质间的"力"的法则。从下一章开始，我将介绍作用于物质之间的四种作用力。

第 3 章

支配宇宙的四种力（一）：

引力、电磁力

1. 引力、电磁力、强力和弱力

在自然界中，物质之间存在若干种作用力。其中，我们最最熟悉的作用力应该是"引力"。物体落到地面上，以及人踩在地面上行走，所有人都认为这是理所当然的现象。但是，为什么物质与物质会互相吸引呢？一旦思考这个问题，就会发现这些司空见惯的现象也变得非常奇妙。对于物质间相互吸引的这种奇妙现象，爱因斯坦的解释是"引力使空间发生了扭曲"。

还有一种物质间"互相吸引"的现象是我们非常熟悉的，那就是磁铁的 S 极与 N 极、正电荷与负电荷间互相吸引的现象。与引力不同的是，它们之间的作用力不仅仅只有"吸引力"。当同极（例如 S 极与 S 极）、同电荷（例如负电荷与负电荷）互相接近时，还会出现"斥力"作用使它们互相远离。

电力与磁力曾经被认为是完全不同的东西。19 世纪的物理学家麦克斯韦发现了它们是同一种力，并将二者统一为"电磁力"。麦克斯韦创立的经典电磁学极大地推动了社会的进步。例如，无线电波已经是我们生活中不可或缺的东西，而预言了无线电波等电磁波存在的，也正是麦克斯韦的理论。

力的种类	传递力的粒子	力的大小（基准）
强力	胶子	**1** 原子核 核聚变 太阳能
电磁力	光子	**0.01** 原子、分子 电子学 雷、极光
弱力	W、Z 玻色子	**10^{-5}** 中子衰变 原子核衰变 中微子 地热
引力	引力子	**10^{-40}** 万有引力 恒星、星系 黑洞

电弱力（电磁力、弱力）

图 3-1 作用于物质之间的四种力

电磁力产生于交换"光子"这种玻色子的过程中，其具体机制我会在后文介绍。总之，从很久以前，物理学就在寻求这种"力"的法则。

在自然界发挥作用的"力"并非仅有引力和电磁力。这两种力可以解释我们平时所见的宏观世界。除此之外，在基本粒子的微观世界中，还存在两种"力"。

前文曾提过将质子和中子（以及构成它们的夸克）结合在一起的力，它便是微观世界两种力的其中之一。这种力与引力、电磁力不同，叫作"强力"。这个名字听起来像日常中使用的词语。不过，它是基本粒子物理学的术语，请不要把它当成普通的词语，其英语为 Strong Interaction，也被译为"强相互作用"。

在微观世界的两种力中，一种力是"强力"，那么或许大家能猜出另外一种力的名字。没错，另外一种力叫作"弱力"（Weak Interaction，弱相互作用）。弱力会对所有粒子都产生作用。前文提到的中子的 β 衰变，便是弱力引起的典型现象。

引力、电磁力、强力和弱力，我们物理学家正尝试用一个原理来解释自然界中存在的这四种力。

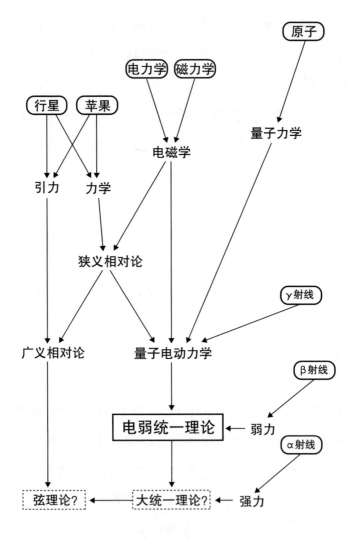

图 3-2 统一的历史

有人可能会纳闷："分别解释这四种力不就行了吗?"但是,物理学家不这么想,因为他们拥有这样的信念:自然界的底层应该存在简单的基本法则,万物都会遵循这一法则。如果物理学家没有这种信念,那么 20 世纪的物理学恐怕也无法发展到"标准模型"这种高度。

爱因斯坦的夙愿之一,便是完成统一引力和电磁力的理论,也就是统一自己的广义相对论与麦克斯韦的电磁学。但是,就连爱因斯坦这样的天才都没能将其变为现实。他在离世时,或许也觉得非常不甘心。

令人遗憾的是,作为 20 世纪物理学研究顶峰的标准模型也没能统一这四种力。其实,标准模型最初是用来解释引力之外的三种力(电磁力、强力和弱力)的理论。

研究者已经了解了分别传递这三种力的粒子的作用,但仍然没有完成统一电磁力、强力和弱力的理论。尽管统一电磁力与弱力的理论(温伯格 – 萨拉姆理论)已经通过了实验验证,不过仍然存在不少需要逾越的障碍。

因此,虽然现在的标准模型已经发展到了相当高的程度,但它仍然是"半成品"。在介绍后面的内容之前,我想先让大家明确这件事情。

2. 粒子以投接球方式传递力

　　前文曾提过"电磁力产生于交换'光子'这种玻色子的过程中"。我本想就这样一笔带过，可是恐怕不少读者会难以接受吧。因为这句话意味着，磁铁的 S 极与 N 极之间的吸引力也是由"光子"这种粒子传递的。按照常理来说，我们对这种说法难以释然也并不奇怪。

　　在标准模型中，电磁力、强力和弱力全都是以"粒子（玻色子）的'投接球'"形式来表现的。这里，我先列举一下传递各种力的粒子的名字：传递电磁力的粒子是光子；传递强力的是胶子；传递弱力的是 W 玻色子和 Z 玻色子。除此之外还有尚未发现的"引力子"，顾名思义，它被视为传递引力的粒子。

　　我们在感觉上，很难想象出粒子传递力的情况。不过，彼此分离的物质之间既然出现相互吸引或排斥的现象，那么它们之间应该会存在某种"交易"。

　　我们用一个例子来说明这种情况。请想象一下池塘的水面上漂浮着 A 和 B 两只木筏，两只木筏上的人正在玩"投接球"游戏。假如池塘的环境中没有风，水面也如同镜子一般处于完全静止的状态。这时，如果从 A 向 B 投球，那么在反作用力的影响下 A 会稍微后退一定距离。对于 B 来说，接到球的 B 也会顺势略微后退。在旁观者看来，"交换"球的 A 和 B 就呈现出了互相"排斥"的情况。

如果将上面的球看作玻色子，那么玻色子"传递力"这件事就比较容易理解了。当然，这个例子中忽略了"吸引力"，仅仅解释了"排斥力"。实际上，粒子之间的交换情况会更复杂。不过，如果两只木筏之间不玩"投接球"游戏的话，那么两只木筏就都不会移动。质子和中子的结合、磁铁间的吸引或排斥，都是因为物质在互相吞吐、交换玻色子。

那么，光子的交换中产生电磁力，究竟是怎么回事呢？在标准模型的三种力中，电磁力离我们的日常生活最近，所以我想先讲解电磁力。

不过，现在还不能马上进入正题，还需要讲一点背景知识。"量子电动力学"阐明了光子传递电磁力的机制，是包括了电磁学、相对论以及量子力学的大统一理论。先了解一点该理论的知识，会更容易理解电磁力的产生。现在，我们又要暂时绕道了，不过常言道"欲速则不达"，为了能理解标准模型的全貌，我想先简单介绍相对论、量子力学中与之相关的重要部分。

3. 质量可以转换为能量

"如果自己与光并肩而行，那么光看起来会是什么样子？"

爱因斯坦在 16 岁时产生的这个疑问，便是相对论的起点。当我们与汽车或电车以相同速度前进时，它们看上去是静止的。不过，爱因斯坦认为"光应该无法看上去是静止的"。沿着这个方向，爱因斯坦最终得出了"光速不变原理"。

如果详细介绍，那么仅这部分内容就够写成一本书了。该原理揭示了时间和空间的全新性质，颠覆了人类以往的常识。其中一个性质是，当移动速度接近光速时，时间会变慢。科幻作品中经常出现下面的情况：某个角色在宇宙中以光速旅行，返回地球后发现自己的年龄没有变化，孙女却变成了老奶奶。这种情况在理论上是正确的。

当然，让人类以接近光速的速度旅行是不现实的。不过，在对 μ 子的观测中，研究者得到了证实相对论正确性的数据。

前文曾说过，宇宙中有大量的 μ 子会到达地球。其实准确来说，来自宇宙的粒子几乎都是普通的质子，这些质子在地球上空与空气中的原子核发生反应才产生了 μ 子，进而这些 μ 子从距地面约 20 千米的高空降到地面上。

μ子的寿命极短，即使它以光速飞行，飞出距离诞生地 660 米处也会衰变。不过，我们确实在地面上观测到了 μ 子，而且还把它用在了金字塔的考古工作中。这是因为，μ 子以接近光速的速度运动导致时间变慢，从而延长了自身的寿命。

相对论揭示的"光速"原理并非仅此而已。光速不仅在任何观察点看来都是不变的，它还是宇宙的"极限速度"。

在相对论出现之前，物体的速度被认为是可以无限加快的。但是，爱因斯坦认为无法将物体加速至超过光速（3 亿米每秒），任何追赶光的人都无法超过光。

如果为了让速度接近光速的物体继续提速，对其持续增加能量，那么会出现什么情况呢？实际上，这种情况下该物体的速度不会继续提升，但其质量会不断增加。质量也是衡量物体运动难易度的量，所以在上述情况中，增加能量使得物体质量增加，反而会使物体加速更加困难。虽然听起来有些不可思议，但这就是物体无法超越光速的原因。我希望大家在此能想起前文中介绍的公式 $E=mc^2$。该公式表明，能量与质量在本质上是相同的东西。能量（E）可以转换为质量（m），质量也能转换为能量。

108

4. 质量守恒定律的"破绽"

　　质量守恒定律的"破绽"确实是划时代的发现。毕竟人们一直认为物质的质量是不会改变的。例如，一辆汽车因交通事故严重受损，如果将事故汽车的零件（从车身、发动机到前挡风玻璃的碎片等所有零件）全部收集起来，那么其质量应该与受损前的汽车相同。根据质量守恒定律，在日常生活中任何人都会觉得这是理所当然的。

　　但是，当我们在《不列颠百科全书》中查询"质量"的词条时，则会看到下面的内容。

　　在很长一段时间里，物质的质量被认为是恒定不变的。根据"质量守恒定律"，无论如何改变物质的结构，其质量的总和都不会出现变化。（中略）1905 年，爱因斯坦的狭义相对论颠覆了人对质量的看法。质量并非绝对不变的。物质的质量等同于能量，它可以转换为能量。质量已经不再是恒定不变的了。

　　百科全书里的行文一般都是客观的语气，但没想到该书的编写者会用如此兴奋的口吻来撰写"质量"这个词条，其激动的心情溢于言表。这是因为爱因斯坦的 $E=mc^2$ 确实是伟大的发现，伟大到足以让百科全书的编写者失去平常心。

质量转换为能量究竟是怎么回事呢？

例如，我们将原子核分解，然后分别测量质子和中子的质量，就像去逐一测量受损汽车的各个零件那样。因此，质子与中子的质量之总，应该与原子核的质量相等。

但是，实际结果显示，质子和中子的质量之和比原子核重。这是因为当质子和中子组成原子核时，部分质量会转变为"结合能"（binding energy），所以质子与中子结合后的质量之和（即原子核的质量）会变轻。对于质子和中子而言，这种变轻的状态能够维持原子核的稳定。像这样，粒子释放能量之后质量变轻的现象叫作"质量亏损"。

1932 年，英国的考克饶夫和沃尔顿的实验率先呈现了"质量亏损"的现象。该实验在世界上第一台粒子加速器中，用质子（氢的原子核）轰击锂的原子核，成功地实现了原子核的转变。

这个实验得出了两个令人震惊的结果。

第一，锂（3 个质子）变成了氦（2 个质子）。这是人类首次了解到元素发生变化的现象。人们曾经认为"炼金术"是不可能实现的，不过在原理上是可以用铅炼出金的。但是，这种"炼金"转换实验需要花费巨大的费用，所以还不如直接拿钱去买黄金更划算。

第二，质量变成了能量。与撞击前相比，撞击后粒子的整体质量减少了。减少的质量转变为氦脱离之时的运动能量。

5. 反物质：与物质性质相同、电荷相反

1933 年，约里奥居里夫妇（居里夫人的女儿及女婿）也通过实验展示了能量转换为物质的事实。他们用光能轰击原子核，得到了具有质量的电子和正电子。该实验中产生的正电子，是人类首次制造出的"反物质"。

在此，我先说明一下反物质。基本粒子中存在与粒子的质量和自旋（稍后介绍）等性质相同，但电荷相反的"反粒子"。例如，电子的电荷为负，其反粒子的电荷为正（因此被命名为"正电子"）。中子是不带电的，所以反中子也没有电荷。不过，中子由夸克构成，而反中子则由反夸克构成。由这些反粒子构成的物质就是"反物质"。

　　1930 年，英国的理论物理学家狄拉克预言了电子存在反粒子（正电子）。1932 年，安德森从宇宙射线中发现了它（在发现后的 5 年里，他一直以为自己发现的是介子）。1933 年，约里奥居里夫妇利用人工方式成功地制造出了正电子。该实验不仅验证了能量可以转换为质量，还发现了物质与反物质总是成对产生的性质（这称为"对产生"）。

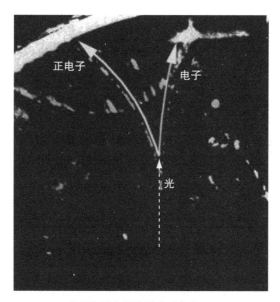

物质与反物质总是成对产生

图片来源: Musée Curie（Coll. ACJC）. Paris.

图 3-3　人类最初制造出的反物质

　　1955 年，反质子和反中子也被发现。埃米利奥·塞格雷和欧文·张伯伦这两位物理学家所在的研究团队，使用加州大学伯克利分校的粒子加速器进行了粒子撞击实验。他们通过轰击加速至接近光速的质子，制造出了反质子（电荷是负的）。此外，他们还发现人工制造出的反质子与其他质子相遇后，会发生"对湮灭"并重新转换为能量。不仅如此，这些能量还会再次变换为质量，生成各种各样的粒子。正如爱因斯坦的理论所言，质量可以转换为能量，能量可以转换为质量。

加速器的隧道截面。
从纸面这一侧发射电子，从背面发射正电子，
让它们在图的中心位置进行高速撞击从而发生湮灭。
该图表现了湮灭过程中释放的能量转换为强子并被检测出来的情形

图片来源：CERN

图 3-4　物质与反物质的湮灭

6. 太阳的核聚变反应：将质量转换为能量

质量转换为能量的现象并非只发生在实验室中，它与在我们的日常生活也密切相关。太阳的燃烧，其实就是通过将自己的质量转换为能量来实现的。

在太阳内部，4 个氢原子会通过反应变为 1 个氦原子。氢原子的原子核由 1 个质子构成，氦的原子核由 2 个质子和 2 个中子构成。因此，该反应中必然会有 2 个质子转变为 2 个中子。2 个电荷为 +1 的质子，会转变为 2 个电荷为 0 的中子，所以这一过程会释放出 2 个正电子（正电子的电荷为 +1）。

不仅如此，由于反粒子必定与粒子成对产生，所以上述反应过程中也会产生与正电子成对的粒子，即 2 个电子中微子。核聚变反应让太阳发生了质量亏损，太阳的燃烧就是将这部分质量转换为能量。太阳质量亏损的量每秒约为 50 亿千克。多亏了太阳将如此巨大的质量转换为能量，我们的生活才能维持正常。

但是，没有任何人去过太阳，为什么我们能了解太阳内部的反应呢？实际上，日本的超级神冈探测器捕捉到了太阳内部反应的决定性证据，即太阳内部与正电子成对产生的中微子（Neutrino）。虽然超级神冈探测器位于地下 1 千米的黑暗世界中，但它利用来自宇宙的中微子，成功拍摄到了太阳的"照片"。

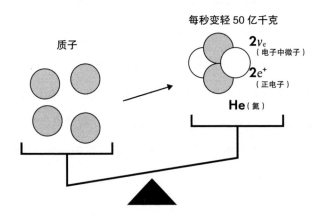

图 3-5　太阳的核聚变反应

　　照片的英文 photograph 中的 photo 指的是光，那么超级神冈探测器的摄影作品或许应该称为 neutrinograph。在地下的黑暗世界中"看见"太阳，这是多么奇妙的事情。

　　来自太阳的中微子证实了太阳内部正在发生核聚变反应，即将质量转换为能量的反应。相对论揭示的这一事实，是理解标准模型的一个关键点，请大家牢牢记住。

超级神冈探测器

图片来源：铃木厚人提供

利用中微子在地下 1 千米的黑暗区域拍摄的太阳

图片来源：R.Svoboda, University of California, Davis
（ Super-Kamiokande Collaboration ）

图 3-6　太阳发生核聚变反应的决定性证据

7. 不确定性原理：位置和速度无法同时测定吗？

接下来，我将介绍量子力学的相关内容。相对论几乎是由爱因斯坦一个人创立的，而量子力学则是由众多物理学家的灵感与智慧构建出来的。

前文曾提及，量子力学理论的起源，是普朗克的量子假说和爱因斯坦的光量子假说。在这两个假说的基础上，玻尔提出了电子拥有离散的轨道的观点，德布罗意又进一步提出了物质是"波"的理论。

说起来，这些话题已经非常奇妙了。不过，试图说明微观世界的量子力学，之后又出现了更加奇妙的理论，即德国理论物理学家海森堡提出的"不确定性原理"。这个理论可以说颠覆了牛顿力学中的常识。

在牛顿力学中，如果知道物体在某一时刻的位置和速度，那么就能求出之后的位置和速度。这是理所当然的。例如，如果我们知道球滚动的速度，那么可以轻易预测出球在 10 秒后的位置。如果无法做到这一点，那么职业的台球选手恐怕就要失业了。

然而，海森堡认为，在微观世界中无法同时测定粒子的准确位置和速度。想要精确地测定粒子的位置，其速度就难以测定；想要精确地测定粒子的速度，其位置就难以测定。

海森堡用下面的公式来表示这种位置与速度的关系（这里的"动量"是表示物体运动趋势的量，由质量 × 速度决定）。

$$\Delta x\,(\text{位置的不确定程度}) \times \Delta p\,(\text{动量的不确定程度})$$
$$> \text{h}\,(\text{普朗克常数})$$

Δx 与 Δp 的乘积绝不会比普朗克常数小。因此，位置越准确，动量的不确定性就越大；动量越准确，位置的不确定性就越大。

要准确理解该公式，需要用到专业数学知识，在此就省略不谈了。将物体看作"粒子"的话，理解不确定性原理可能会比较困难，但如果将物体看作"波"的话，海森堡所言之事就比较好懂了。例如，所谓位置越精确动量的不确定性就越大，与海啸倒灌进狭窄的河流入海口，导致河水水位急剧上升，进而淹没周边房屋的原理是一样的。

波具有"扩散"的性质，所以准确测定它的"位置"和

"速度"非常困难。而且，我们不知道应该在何处以及如何对波进行测量。

波似乎让人无处着手。当然，这都是微观世界中才会考虑的事情。在牛顿力学支配的宏观世界里，忽略"波的扩散"也没有关系。

不过，如果提升显微镜的分辨率，拉近镜头来观察，那么就会发现其实我们身边的物体也存在非常微弱的"涨落"。要想精准把握基本粒子的世界，就不能忽视这种"涨落"了。

8. 应用到电子技术的"隧道效应"

例如，假设在微观世界里将若干基本粒子置于一个方框内。此时，框内粒子的"位置"就被限定在狭小的范围内了。用刚才的公式描述，就是 Δx 变得极小。因此，根据不确定性原理，框内粒子的动量的不确定性（Δp）会变得非常大。

这样一来，会发生什么呢？令人感到不可思议的是，框内的粒子会慢慢扩散，并逐渐渗到框外。这可以说是"波"独有的现象，我们称之为"隧道效应"。江崎玲于奈应用这个原理在半导体中发现了电子的量子隧穿效应，并因此获得了 1973 年的诺贝尔物理学奖。虽然不确定性原理总让我们觉得非常不真实，但它在现实的电子技术中得到了应用。

另外，不确定性原理中还有表示能量和时间关系的公式。

$$\Delta E \text{（能量的不确定程度）} \times \Delta t \text{（时间的不确定程度）}$$

$$> h \text{（普朗克常数）}$$

这个公式由位置与速度的不确定性原理推导而来。当我们测量粒子的运动速度时，如果其运动时间越短，那么它移动的距离也越短。所谓距离短，是指位置的范围（Δx）小。那么，如果位置的范围变小，那么其速度的不确定程度就会变大。

速度的不确定程度变大，也就是指动量的不确定程度变大。因此，如果"时间"的范围缩小，那么"能量"的不确定程度就会变大；反之，如果"时间"的范围扩大，那么"能量"的不确定程度就会变小。

使用加速器制造基本粒子时，时间与能量的关系是我们面临的一大难题。基本粒子的"寿命"各不相同，所以制造它们所需要的能量也千差万别。基本粒子的寿命越短，"时间"的范围就会越小；寿命越长，"时间"的范围就约大。因此，基本粒子的寿命越短，与之对应的能量的范围反而会越大。

所以，制造寿命短的基本粒子，对所需要能量的估算粗略一些也没有关系。由于可以不必精确地设定能量，可以说这种基本粒子"易于制造"。

反之，制造寿命长的基本粒子时，所需能量的范围就很狭小，所以必须将电压控制在与其相符的范围内。这相当于"好球带"（Strike Zone）很小，因此实验要求的精度极高。

例如，第二代基本粒子中的粲夸克就是这种情况。实验中让加速后的电子与正电子互相碰撞，以求制造出由粲夸克和反粲夸克构成的介子。然而，介子的寿命非常长，研究人员必须精确设定所施加能量的数值，进行了多次尝试，才终于成功制造出了 1 个介子。

9. 哥本哈根解释：上帝似乎会掷骰子

虽然爱因斯坦对量子力学的诞生也做出了贡献，但是这个领域中有一个他无法接受的观点，即"哥本哈根解释"。该观点的提出者是以丹麦的玻尔为核心的研究者们，故得其名。

在此，我们回想一下前文中介绍过的双缝实验，即通过向两条狭缝发射电子束，证明电子是"波"的实验。

虽然电子最终描绘出了干涉条纹的图案，但是每个"弹着点"看上去都是随机的。由此可以得出两个结论：第一，电子每次的去向是无法被预测的；第二，电子去向的"概率"是可以获知的。对于电子"接下来会去哪里"，只能通过从整体结果倒推出来的概率来预测。

简单来说，这就是哥本哈根解释。在哥本哈根解释中，双缝实验中的每个电子都以"波"的形式扩散，当这些电子碰到侦测屏幕被观测到的那一瞬间，它们会变为一个点。也就是说，在观测者"看见"电子之前，它的位置是无法被确定的。这种情况并不只限于电子，所有粒子在被观测到之前都是"波"，因此也无法确定粒子在哪里。

在直观感觉上，任何人都会觉得"这太奇怪了"。粒子虽然有波的性质，但它毕竟还是粒子。即使没有被观测到，粒子也应该"存在"于某处，不应该无法预测其位置。

爱因斯坦也是这样想的，因此他反对哥本哈根解释。他反驳哥本哈根解释时曾留下了一句名言，即"上帝不会掷骰子"。

另外，因提出波动方程而获得 1933 年诺贝尔物理学奖的奥地利物理学家薛定谔，也是哥本哈根解释的反对者。

不过，上帝似乎会掷骰子。虽然目前存在多种反对意见以及其他解释，但是哥本哈根解释已经成为物理学的标准观点。基于哥本哈根解释而得以应用的电子技术也不在少数。哥本哈根解释确实有些不可思议，不过这就是量子力学的世界。

10. 费米子与玻色子

在量子力学中，还有一个关于粒子性质的原理。前文曾简单提过该原理，那就是用来区分费米子和玻色子的"泡利不相容原理"。

如前文所述，对于电子、中微子、夸克等费米子，同一个位置上只能存在一个。然而，对于传递力的玻色子，同一个位置上却能存在任意多个。前文未说明这种差别的原因，其实这是由两者的"自旋"不同造成的。

自旋是表示基本粒子旋转的物理量。基本粒子就像持续旋转的陀螺一样，几乎都有自旋[①]。基本粒子以外的粒子中则有例外，例如π介子就没有自旋，其原因在于构成π介子的夸克和反夸克的自旋互相抵消了。

那么，费米子与玻色子的自旋有何不同呢？

自旋原本指"角动量"。这是一个不常见的词，大家不妨想象一下下面的场景：用绳子一端绑住一块有分量的石头，然后以绳子的另一端为圆心，让石头旋转起来。此时，"绳子的长度 × 石头的重量 × 旋转速度"就等于角动量。角动量是守恒的（角动量守恒定律），骑行中的自行车不会倒下，原因就在于此。不过这方面的具体内容，本书就不谈了。

在基本粒子的情况中，角动量是"离散的值"，具体来说就是 0、$\frac{1}{2}$、1、$\frac{3}{2}$、2、$\frac{5}{2}$……并且不存在"整数 $\div 2$"（准确来说，是包含普朗克常数的值的整数倍）以外的数值。自旋为半整数（奇数 $\div 2$）的基本粒子是费米子，自旋为整数（偶数 $\div 2$）的基本粒子是玻色子。

自旋为整数的玻色子可以在同一个位置上存在任意多个，其原因非常不好理解，考虑到本书是面向大众的科普读物，我就不在这里赘述了。总之，大家只要了解基本粒子具有这

---

① 2012 年欧洲核子研究中心发现的希格斯玻色子，是唯一自旋为 0 的基本粒子。——译者注

样的性质就足够了。除此之外，量子力学还揭示了基本粒子的一些法则（主要是守恒定律），我会在必要的时候再讲解相关内容。

至此，我们简单介绍了相对论和量子力学。使用这些理论（例如可以用能量来测定时间和距离等），可以很方便地解释基本粒子的世界。下面，我将介绍融合了狭义相对论和量子力学，进而又与电磁学实现统一的"量子电动力学"。

11. 电磁力：让原子与原子结合的力

"基本粒子传递力"究竟是怎么回事呢？要回答这个问题，需要先了解一下电磁力。

在自然界的四种力中，电磁力与我们的密切程度仅次于引力。例如，"磁铁吸附铁""摩擦后的垫板靠近头部会把头发吸起来""天空中出现的闪电"等现象全是由电磁力引起的。

但是，电磁力并非只作用于这些特殊现象。原子与原子能结合成分子，这也是电磁力在发挥作用。例如，我们靠在墙上时，身体不会穿过墙壁倒下去，这是因为原子在电磁力的作用下互相连接，形成了稳定的结构。

如果没有电磁力，那么所有物质都会被分解到原子的层级。届时，我们的身体和墙壁也都不复存在。当然，水和空气也无法形成，因此即使我们保留了身体也无法生存。

另外，一些重要的实验中也有电磁力的身影。为了确认原子的结构，卢瑟福曾用α粒子轰击金箔，一些α粒子能被原子核弹回，这也是电磁力造成的。原以为散布于原子内部的电荷，其实集中在原子中央，因此这些电荷的斥力把α粒子弹了回去。

从麦克斯韦创立电磁学以来，这种现象就被解释为"电荷"与"电磁场"（电场和磁场）的相互作用。电荷是表示物质与电磁场之间连接强度的物理量。存在电荷的地方就会产生电磁场，电磁场中的作用力，可以用具有方向的矢量来表示。

以卢瑟福的实验为例，α粒子轰击的目标原子核，本身就带有正电荷，它的周围存在电场。我们可以把电的作用力想象成以原子核为中心向所有方向延伸的箭头。

卢瑟福发射出的α粒子呈现出了各种弯曲的轨迹。即便是那些穿过金箔的α粒子，其运动轨迹也不是直线。这是因为，电磁力的作用距离是无穷的，即使α粒子从距离原子核较远的地方通过，也必然受其影响。从原子核的左右两侧通过的 α 粒子，会在侧面受到作用力，于是便呈现出了略微弯曲的运动轨迹。

　　被金箔直接弹回的 α 粒子，是向原子核正面运动的粒子。"弹回"这种说法，可能会让人感觉是"撞击到坚固的中心部位后弹回去"，但实际情况并非如此。在原子核正面的 α 粒子，其实与从原子核侧面通过的粒子一样，都会在电的斥力作用下呈现出弯曲的运动轨迹。从近乎正面受到斥力的 α 粒子被弹回，其实是这些粒子的弯曲程度接近了 180 度。

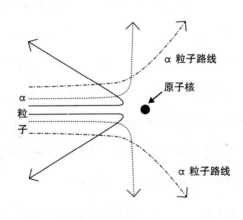

图 3-7　金箔实验

12. 电磁力由粒子吞吐光子来传递

之前的电磁学就是如前文所述那样解释"力"的。可能不少人觉得电磁场像看不见的弹簧,时而拉伸,时而反弹。但是,量子电动力学认为,带电粒子(电子和质子等带有电荷的粒子)的周围并非产生了电场,而是存在"光子"的交换。

量子电动力学的基础是"量子场论"(Quantum Field Theory,简称 QFT),它是相对论与量子力学碰撞出的理论。换言之,这是将"场"量子化的理论。

有的读者可能已经有所察觉,"量子化"一出场,"离散的值"便会紧随其后。如果将电磁场比作弹簧,那么弹簧伸缩的值就是包含普朗克常数的值的整数倍。为什么这样说呢?因为弹簧的真身是"光子"。

也就说是,在卢瑟福的实验中,作为轰击目标的金箔的原子核,其实是在不断吸收、释放"光子"的。在量子电动力学中,我们可以把电磁学中所说的"电场",想象成"光子的云"。

虽说这里提到了"光子",但它并不是肉眼可见的光。因此,它也被称为"假想光子"或"虚光子"。

接下来的内容可能不太好理解，不过，量子力学原本就如此，因此请大家做好心理准备。

带电粒子会吸收、释放光子，但制造这些光子时也需要能量。这里的能量只能从某处"借来"，至于带电粒子从何处"借来"了这些能量，我们只能说"从那边"。带电粒子凭空"借来"能量，进而制造出光子。带电粒子释放制造出的光子，其他带电粒子吸收这些被释放出的光子，从而使两个带电粒子之间发生力的作用。量子电动力学认为，电磁力就是这样的光子交换。

可能有人认为这很荒唐，这样想也没错，因为这个过程很明显地违背了自然法则——带电粒子制造光子时违背了能量守恒定律。不过，光子被带电粒子吸收时能量的"借贷"都消失了，所以光子交换前后的能量是守恒的。光子交换的过程是极其短暂的瞬间，或许这个过程违背了法则也无妨。

13. 电磁力的作用距离

光子的交换，如同没有通过正规手续从公司的保险柜里借用公款（或者说是随意挪用），因此必须在违规行为暴露之前将借款还给公司。

当随意借用保险柜里的公款时，借款金额不同，在暴露之前还款的时限也不同。例如，如果只是中午借用公款买午饭，那么只要在傍晚经理确认好金额并关闭保险柜之前还回去，应该就不会暴露。但是，如果挪用了 100 万日元，由于存在马上暴露的风险，所以不得不迅速返还。

粒子借用能量的情况也是如此。借来的能量越大，返还的速度也要越快。反过来说，就是能量的返还时间越短，粒子就用了越多的能量来制造光子。

在此，请大家回想一下时间与能量的不确定性原理。能量的不确定程度（ΔE）越大，时间的不确定程度（Δt）就会变小。"不确定程度大"是指"大小的取值范围大"。我们可以将其理解为"能够取大的数值"。因此，时间越短就能让能量越大。

粒子从借能量到还能量之间的时间短，意味着即使以光速运动，它也走不了多远，因此此时粒子之间的"距离近"。也就是说，距离近的带电粒子之间，能够交换高能量的光子。

让我们回头再看一下卢瑟福的实验。实验中，α 粒子离原子核越近，其运动轨迹的弯曲程度就越大。也就是说，距离越近，斥力越强。相信有的读者可能已经明白其中之意了。

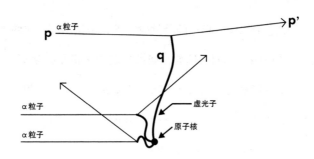

· 原子核不断吸收、释放"虚光子"
· 动量大的光子由于消耗能量而走不远
· 动量小的光子则可以到达较远的地方
· 光子的动量 = "踢飞"了多少 α 粒子

图 3-8　虚光子

原子核"借来"能量制造并释放出光子，这些光子被 α 粒子吸收时，那些"借来"的能量就被"返还"了。因此，借用能量的时间越短（也就是距离越近），能够使用的能量就越大。因此，离原子核近的 α 粒子吸收了能量较高的光子，呈现出急转弯式的运动轨迹；反之，离原子核较远的 α 粒子吸收的光子的能量就比较低，其运动轨迹的弯曲程度也比较小。这便是卢瑟福的实验中 α 粒子运动轨迹的弯曲程度不同的原因。这其实也是"传递过去的力"的差异。

量子电动力学就是用"光子的交换"来解释带电粒子间的相互作用的。"费曼图"将这一过程用图的形式表现了出来。费曼与朝永振一郎几乎同时完成量子电动力学理论，这两位物理学家共同获得了 1965 年的诺贝尔物理学奖。

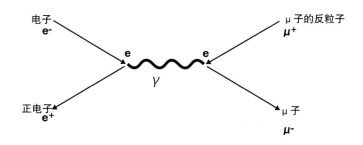

图 3-9　费曼图示例

费曼图是基于费曼规则的计算方法描绘出来的，它能够简洁地呈现出所有基本粒子的活动。例如，我在上面给出的费曼图就描述了以下过程：电子与正电子湮灭释放能量，然后这些能量转化成虚光子，虚光子又变成 μ 子及其反粒子。如图所示，我们不难发现图中的反粒子是逆时间而行的。这个图是众多费曼图中的一个例子，过于认真去思考这些东西很容易导致大脑混乱，心情也会变得很差（笑），所以大家只要有个大体的认识，知道"原来费曼图是这种东西"就可以了。说实话，我也没怎么认真去思考过这些东西。

14. 物理学史上最精确的理论值

总之，得益于费曼图的诞生，粒子间的各种情况就能高效计算了。接下来的内容会不太好懂，大家跳过这部分继续阅读后文也无妨。费曼图中最有名的计算，是关于"电子磁铁"强度的计算。

不停旋转的电子，自身就是是一个有 S 极和 N 极的磁铁，其强度可以用"g 因子"这个单位来测量。因提出了融合相对论和量子力学的理论而获得 1933 年诺贝尔物理学奖的狄拉克，从理论上预言了 1 个电子的磁场强度是"$g=2$"。

但是，后来的研究者实际测量 g 因子的大小后，发现它并非恰好是整数 2，而是存在 0.1% 的偏差。

对量子电动力学做出卓越贡献并因此共同获得诺贝尔奖的三位物理学家（朝永振一郎、费曼、施温格），对这一误差进行了理论上的解释。他们几乎同时指出，必须要考虑"释放虚光子的电子重新吸收了虚光子"这种情况。

图 3-10 的费曼图展示了这一过程。被电子释放出的光子通过回到原来的电子的方式结清了能量上的"债务"。狄拉克的理论并没有考虑这一点。

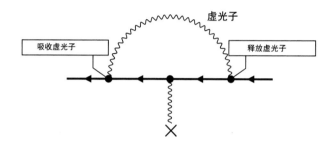

· 利用超级计算机计算 891 个费曼图

· 8 次修正 = 精度 $\dfrac{1}{10^{12}}$!

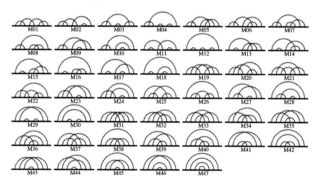

图片来源：仁尾真纪子提供

图 3-10　计算"电子磁铁"的强度

因为电子一直在制造虚光子，所以上述这种情况在实际中也屡见不鲜。这种现象发生时，每次都会出现微乎其微的损耗，导致理论值与实验值之间出现偏差。通过计算求得 g 因子时，需要以该过程会发生损耗为前提来修正理论值。

这方面的具体情况在此不做赘述。康奈尔大学的木下东一郎教授率领的团队对 g 因子进行了 8 次修正计算。电子吸回来的光子越多，计算的过程就越复杂。这 8 次修正计算使用了 891 个费曼图。研究者需要分别计算这些费曼图，最后汇总出结果。

他们使用超级计算机计算了好几个月，最终得出了下面的理论值。

$$\frac{g}{2} = 1.001\ 159\ 652\ 182$$

哈佛的实验团队的实际测量值为 $\frac{g}{2} = 1.001\ 159\ 652\ 180$。

这个理论值与实验值的一致程度，恐怕是物理学史中最高的。有的读者可能会在意最后一位上的不同，但由于实验和理论都会存在误差，所以这对数值可以说是完全一致的。这部分内容确实比较难，有的人可能不太清楚我在讲什么。尽管如此，我想大家都会因这对理论值和实验值的高度一致而感动。

交换虚光子确实让人感觉不真实，但如果能够接受它，就能得到丰硕成果，并创造出具有精确预言能力的理论。这个理论便是"量子场论"，它是量子电动力学的重要成果。

第4章

支配宇宙的四种力（二）：

强力、弱力

1. 预言了未知粒子及其质量的汤川理论

本章介绍的力，是我们日常生活中无法直接感知到的力。它们便是作用于微观世界的"强力"（强相互作用）与"弱力"（弱相互作用）。

前文曾说过，如果没有电磁力，那么包括我们身体在内的所有物质，都无法维持稳定状态，只能停留在原子的层级。其实，在维持世界稳定方面，强力与弱力同样重要。与引力和电磁力相比，这两种力的存在都会让人感觉难以理解。但是，如果没有这两种力，那么我们所在的物质世界就无法成立。

在原子与原子结合成分子的过程中，电磁力是不可或缺的。但如果只有电磁力，那么原子核会分崩离析。这是因为构成原子核的质子带正电。氢原子只有 1 个质子，所以不存在这样的问题。但是，除此之外的其他所有元素，其原子核内都存在多个带正电的粒子。

这样一来，正如卢瑟福实验中 α 粒子会被原子核"弹回"那样，质子之间（都带正电）也应该会互相排斥。但在实际中，质子和谐地存在于原子核内部。我们只能认为，原子核内部存在某种强于电磁力斥力的吸引力，使得质子紧密地结合在一起。

这种作用力就是即将登场的强力。物理学家预言它存在并着手研究时，曾把它称为"核力"。如果没有这种力，那么原子核就无法被构成。无论电磁力多么努力地"撮合"原子与原子，自身难保的原子（氢以外的原子）也无法再去构成分子。汤川理论用一种未知粒子说明了强力，即原子核内部的质子会通过交换"介子"这种粒子产生强力，从而结合在一起。

汤川理论还预言了该未知粒子的"质量"。安德森曾因为自己发现的新粒子（μ子）的质量与假说中介子的质量一致，将μ子误认为介子。不过，μ子的发现与介子的发现也存在关联。

汤川理论之所以能够预言介子的质量，是因为汤川秀树发现原子核内部的这种力的"作用距离"较短。虽然电磁力的"作用距离"是无穷的，但并非所有的力都如此。让原子核维持稳定状态的力要远强于电磁力，所以如果这种力的"作用距离"较长，那么卢瑟福实验中的α粒子就不会被原子核"弹回"去了。在这种情况下，α粒子会在强于电磁斥力的吸引力的作用下，被原子核吸引过去。

因此，强力能够到达的范围，理论上应该是原子核的直径

（ 10^{-15} 米）。这就意味着传递这种力的粒子非常重。

与带电粒子制造虚光子从而产生电磁力的过程一样，强力产生的第一步是质子"暂时借来"能量制造介子。强力的作用距离较短，也就是指"返还"所借能量的时间较短。

根据时间与能量的不确定性原理，可知这种情况下借用的能量会相应变大。能量大也就意味着质量非常大（依据相对论的 $E=mc^2$）。

2. 汤川粒子是在安第斯山的山顶被发现的

虽然 μ 子的质量与汤川预言的粒子质量一致，但其性质更像"电子的哥哥"（μ 子是第二代基本粒子，其实应该称其为"弟弟"或"儿子"。不过，从 μ 子的质量比电子大这一点来看，μ 子似乎更"年长"一些）。

最关键的一点是，μ 子并不传递强力。对此做出验证的是意大利的物理学家。当时的意大利被纳粹占领，据说研究 μ 子的物理学家逃了出来，潜入地下设施继续自己的研究工作。不幸的物理学家不得不潜入地下进行实验研究，这似乎与可以传

播到地下的 μ 子非常相配。

总之，μ 子不是汤川理论所预言的介子。但是，存在与预言中质量一致的粒子，意味着可能还存在另外一个与之类似的粒子。但是，为什么无法在宇宙射线中找到它呢？

某个研究团队提出了一种解答，即"是否因为介子比 μ 子的寿命还短，所以无法到达地面"。

虽然 μ 子是从宇宙射线中检测出来的，但从宇宙到达地球的粒子几乎都是质子。这些质子在高空与空气中的原子核发生反应，然后产生了 μ 子。

μ 子在高空形成后会向地面降落（而且根据相对论，μ 子的时间会变慢，从而延长自身寿命）。寿命不长的 μ 子到达地面时仍未发生衰变。这样的话，如果介子的寿命比 μ 子短，那么在更高的地方寻找介子的话，可能会找到它。

英国的物理学家塞西尔·鲍威尔怀着上述想法登上了南美洲的安第斯山脉的顶峰（海拔约为 5000 米）。为了实验，物理学家既可以潜入地下，也可以登上高山，这就是物理学家的精神。

1947 年，鲍威尔的努力得到了回应，与强力反应的"汤川粒子"终于被发现，这种粒子被命名为"π 介子"（Pion）。宇宙射线中的质子在高空与氮、氧的原子核发生碰撞产生了 π 介子。不过，π 介子的寿命非常短，仅为 μ 子寿命的千分之一，所以即使它以光速运动让自身的时间变慢，也无法到达地面。π 介子在下降过程中会衰变成 μ 子，因此它到达地面时早已面目全非了。

这次的发现让汤川秀树博士成为 1949 年的诺贝尔物理学奖得主。发现 π 介子的鲍威尔，则获得了 1950 年的诺贝尔物理学奖。

3. 接踵而至的新粒子

与强力反应的粒子被发现后，原子核内部的秘密便被揭开了。在原子核中，质子与中子通过交换 π 介子而结合在一起。此时，有的人认为所有的问题都解决了。

然而，基本粒子的世界并非如此简单。π 介子被发现后，基本粒子物理学领域的研究者不仅没有因解开了原子核之谜而欣喜，反而陷入了异常混乱的局面。这是因为，研究者接连不断地发现了同样与强力反应的粒子。可以说，π 介子的发现并非

"一切的终点",而是"开始阶段的终点"。

在这一背景下,高能大型加速器也被建造了出来。20 世纪 50 年代至 60 年代,加速器实验不断发现新的粒子。当时的情况 甚至可以说,只要进行实验就能发现点什么。

例如,后来被命名为"Δ"的粒子,就是在用质子轰击 π 介 子的实验中发现的。在介绍不确定性原理时,我曾经说过"粒 子的寿命越短,就越容易制造",Δ 正是这种易于制造的粒子。 Δ 粒子从生成到衰变,仅有短暂的 10^{-23} 秒。强力是一种名副其 实的强大作用力,所以即便在实验室制造出 Δ 粒子,它也会马 上衰变。

这一时期被检测出的新粒子情况大多如此。由于粒子的寿 命短,施加的能量即使存在偏差也能将其制造出来。因此,当 时产生了一股发现新粒子的热潮,新粒子可谓接踵而至。通过 各种粒子的碰撞实验,研究者发现了很多瞬间产生又随即衰变 的新粒子。

一般来说,这些"新发现"应该会让研究者感到兴奋,然 而在当时研究者的心中,困惑似乎更多一些。这是因为他们发 现的很多粒子性质相似,进而无法将这些粒子称为"基本粒 子"。就像原子不是基本粒子的情况一样,这些性质相似的粒子很可能存在内部结构。

这一时期发现的各种粒子以及此前已知的粒子，被统称为"强子"（Hadron）。"Hadron"是希腊语，意为"紧紧地黏在一起"。这些粒子是与"强力"有关的粒子，所以才有了这个名字。

强子根据质量上的不同，分为"介子"（Meson）和"重子"（Baryon）两类。质量比质子轻而比电子重（质量介于质子和电子之间）的强子，是介子（例如 π 介子和 K 介子等）。质量比介子重的强子，是重子（例如质子、中子、Λ 粒子、Σ 粒子和 Ξ 粒子等）。另外，与"强力"无关的粒子（例如电子、μ 子和中微子等）统称为"轻子"（Lepton），以此区别于重子。但是，研究者在介子和轻子中发现了比质子重的粒子后，这种命名方式就失去了清晰的意义。

4. "不会衰变的粒子"之谜

在新粒子接连被发现的期间，研究者曾发现过一个奇妙的粒子。当时的绝大多数粒子是在加速器中被制造出来的，但这个粒子却是在宇宙射线中被发现的。该粒子在用于观察粒子的云室中描出了"倒 V"的运动轨迹，因而被称为"V 粒子"。

V 粒子的奇妙之处，是指它的寿命特别长，约有 10^{-10} 秒。当然，这在感觉上不过是"转瞬即逝"的瞬间。但是，与前文提到的 Δ 粒子比起来，V 粒子的寿命却长了 13 位数。如果将 Δ 粒子的寿命用慢动作镜头延长至 1 年，那么 V 粒子的寿命在同样的速度下是 10 万亿年。

V 粒子的这种情况颠覆了当时的常识。从反应的复杂程度来看，V 粒子肯定是在强力下产生的粒子。但是，因强力产生的粒子一般都会像 Δ 粒子那样寿命极短。那么，为什么同样由强力产生，V 粒子却不容易发生衰变呢？V 粒子的这种反常的寿命让众多物理学家心神不宁。

为了解释这一现象，研究者构想出了"奇异数"（Strangeness）这一性质。奇异数的提出者是日本的西岛和彦与美国的盖尔曼。这两位研究者几乎在同时独立发表了相关成果，所以关于奇异数的法则后来被命名为"盖尔曼 – 西岛法则"。

看到"奇异数"这个词，大多数人可能觉得一头雾水。奇异数是一种"守恒量"，是为了解释"不衰变的粒子"而编造（虽然这么说有些不合适）出的新守恒量。在基本粒子物理学中，这种做法并非第一次。此前研究质子时，研究者已经使用过相同方法。

5. 质子的寿命比宇宙的历史还长

当电子的反粒子正电子被发现时，质子的寿命便成为一个问题。正电子与质子都带正电荷，但是，为什么质子不会衰变成正电子？一般而言，粒子会容易衰变成性质相同但质量较小的粒子。

这种现象如同水从高处流向低处。质量大的粒子拥有的能量较多，而质量小的粒子拥有的能量较少，而且当粒子处于能量较少的状态时会更加稳定。因此，粒子很容易变成能量较少（也就是质量较小）的粒子。例如，μ子也会衰变成与它性质基本相同但质量更小的电子。

然而，质子却不会衰变成正电子。对于这种情况，物理学家斯蒂克尔堡构想出了"重子数"这个守恒量。虽然没有任何证据，但不管怎样都必须保证守恒。斯蒂克尔堡认为，只要重子数守恒，那么粒子就可以发生衰变。该理论规定质子的重子数为"1"，电子和正电子的重子数为"0"。这样的话，在重子数守恒定律的规定下，质子就无法衰变成正电子。

这真是一个强势的构想，让人觉得它是从结论出发去做论证。但是，到目前为止，这种解释依然是正确的。唯有这个理论可以解释质子不会衰变的事实。

说起来，其实我们也不知道质子是否真的不会衰变。研究者目前正在尝试观测质子的衰变。其实，日本建造超级神冈探测器的最大目的就在于此。这座位于地下的巨大实验设施，正在试图捕捉打破重子数守恒定律的质子衰变现象。

但是，研究领域目前还未观测到质子衰变现象。研究表明，质子的寿命至少为 10^{34} 年。顺便一提，宇宙的年龄为 138 亿年，数值的位数仅在 10^{10} 的级别。质子的寿命要比宇宙的历史长出 24 位数。

不过，重子数为 1 的粒子并非只有质子。前文介绍的属于"重子"的粒子全都如此。另外，电子和 μ 子等轻子的"轻子数"为 1，它们则遵守轻子数守恒定律。因此，轻子数为 1 的 μ 子，能够衰变成轻子数同样为 1 的电子。

6. 奇异的"奇异数守恒定律"

现在，我们回过头来看一看 V 粒子。V 粒子的守恒量"奇异数"，其实就相当于质子的"重子数"。这两种守恒量都是用来解释粒子之所以"长寿"的物理量，不过质子与 V 粒子本身还是有很大区别的。我们目前尚未观测到质子的衰变，但已经发现了 V 粒子在诞生 10^{-10} 秒后衰变的事实。也就是说，与质子的重子数不同的是，V 粒子的奇异数是不守恒的。

这个解释，比斯蒂克尔堡的重子数的规定还要"圆滑"，即奇异数在强力的作用下守恒，而在其他力的作用下不守恒。

这里的"其他力"指的是什么呢？那便是即将登场的"弱力"。与 Δ 粒子等粒子不同，V 粒子因为拥有奇异数，所以在强力作用下不会衰变，但在弱力作用下会发生衰变。这便是"盖尔曼－西岛法则"的出发点。

这会让人想去讽刺说："这种构想本身就很'奇异'（Strange）。"不过，这个构想后来被证明是正确的，这也正是该领域的有趣之处。当年汤川提出介子理论时，也有人嘲讽他说："你在瞎说什么！"

现在，我们已经认识到奇异数的构想是正确的。这种构想的原理，直到夸克理论问世后才为我们所知。

7. 质子、中子和介子内部的秘密

在各种粒子不断被发现的大混乱之后，研究者开始怀疑强子不是基本粒子。在对强子内部结构的探索中，夸克理论得以形成。

夸克理论的起点，是日本物理学家坂田昌一在 1956 年提出的"坂田模型"。坂田模型可如下粗略描述，即大量存在的强子并非都是基本粒子，强子中只有质子、中子和 Λ 粒子这 3 种粒子是基本粒子。Λ 粒子是 V 粒子在"逆 V 字形"运动轨迹分叉后，其中一条路线上的粒子（另一条路线上是 K 介子）。因此，它自然是具有奇异数的粒子。

坂田模型虽然在一定程度上说明了强子的结构，但也存在若干缺点。例如，Λ 粒子与其他粒子（Σ 粒子、Ξ 粒子）没有什么区别，因此很难将其作为基本粒子来区分。

为了解决这个问题，夸克理论应运而生。前文提到的盖尔曼与同样来自美国的茨威格几乎同时提出了夸克理论。顺便一提，盖尔曼为新粒子取名为"夸克",而茨威格将其称为"Ace"。

虽然该粒子的名字使用了盖尔曼的方案,但他们二人的基本观点差别很小。与坂田模型一样,他们也认基本粒子有 3 种,但它们是比强子还要小的其他粒子。

说点题外话,盖尔曼对自己的外语能力很得意。我与他初次见面做自我介绍时,他突然插了一句:"Oh,Village Mountain!"(哦,"村""山"!)他似乎也很擅长日语(笑)。

盖尔曼将这三种基本粒子命名为上夸克(u)、下夸克(d)和奇夸克(s)。根据该理论,所有强子都是由这三种夸克(以及它们的反粒子)构成的。重子由 3 个夸克构成,介子由 2 个夸克构成。主要的强子的结构如下所示。

重子:质子 =uud;中子 =udd;Λ 粒子 =uds。

介子:π 介子 =u·反 d;K 介子 =u·反 s

至此,奇异数的谜题就被解开了。由 V 粒子生成的 Λ 粒子中含有奇夸克,而 V 粒子生成的另一个粒子 K 介子,则含有奇夸克的反粒子。奇异数指的便是奇夸克的数量。由于强力无法改变夸克的种类,所以奇异数是守恒的。

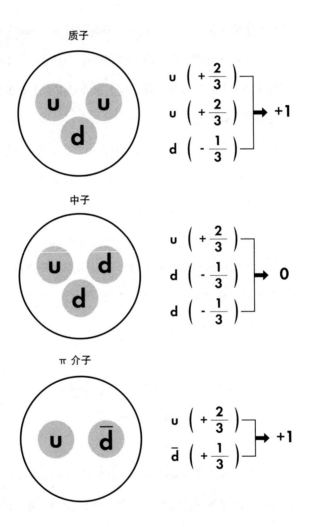

图 4-1　盖尔曼的夸克理论

如果奇夸克变成上夸克，那么 Λ 粒子就会发生衰变。不过这种反应由弱力引发，在强力作用下不会出现这种现象。这就是 V 粒子寿命长的原因。

8. 夸克有三种颜色且无法单独取出？

虽说如此，夸克理论也只不过是个假说。虽然夸克理论能清晰地解释微观世界，但是也存在一些让人难以直接接受的地方。

首先，夸克理论中夸克的电荷数值是不自然的。该理论认为，上夸克的电荷为 $+\frac{2}{3}$，下夸克和奇夸克的电荷均为 $-\frac{1}{3}$。因此，"uud"组合出的粒子的电荷为 $+1$（$\frac{2}{3} + \frac{2}{3} - \frac{1}{3}$），这恰好与质子的电荷一致。

中子由夸克以"udd"的方式构成，因此它的电荷为 0（$\frac{2}{3} - \frac{1}{3} - \frac{1}{3}$）。另外，π 介子的电荷为 $+1$，因为它由"u"和"反 d"组合而成，所以电荷数值也与计算结果相符（$\frac{2}{3} + \frac{1}{3}$，反粒子的电荷与粒子相反）。

但是，这些结果给人感觉是为了符合实际值而创造出来的。

说起来，电荷是 $\frac{2}{3}$ 或 $\frac{1}{3}$ 这样的值本身就让人感觉难以接受。夸克理论给人留下的印象，就像拼图游戏中因为有找不到的拼块，所以就强行自己制造了拼块。

其次，夸克理论对"自旋"的解释，也存在让人难以理解的地方。该理论描述夸克的自旋是半整数，3 个夸克组合后整体的自旋也是半整数，所以这与质子的自旋也吻合。这方面确实没有问题，但自旋为半整数的夸克，可以在同一个位置上存在3 个，这就违背了前文介绍的泡利不相容原理，即自旋为半整数的费米子（构成物质的粒子。夸克也是一种费米子）具有以下性质：自旋方向和电荷状态相同的粒子，在同一个位置上只能存在一个。

针对这个问题，夸克理论给出的"辩解"是：该理论认为夸克是有"颜色"的，分别为"红""绿""蓝"，只要夸克的颜色不同，就可以同时存在于一个位置上。当然，夸克的颜色只是一种比喻说法，实际上夸克是没有颜色的。

夸克理论选取红、绿、蓝作为夸克的颜色也有相应意义。这三种颜色是"光的三原色"。当光的三原色重叠时，颜色就会变成白色。电视机显示的白色正是利用了这个原理。构成重子的夸克，其情况也是如此，即 3 个颜色不同的夸克组合在一起变成了"白色"。夸克理论认为，夸克通常都是以"白色"状态活动的。也就是说，夸克无法以单色的状态存在，因此夸克也无法被单独取出。

介子的情况也是如此。介子由夸克和反夸克构成，它们的颜色组合为"红与反红""绿与反绿""蓝与反蓝"。"反红"是红的补色，两者重叠后还是会变成"白色"。

用颜色类比夸克性质的理论也称为"量子色动力学"。虽然这是一个很有趣的想法，但"夸克有三种颜色且无法被单独取出"的观点，还是无法令人立即接受。最早提出夸克"颜色"概念的人是南部阳一郎。顺便一提，南部阳一郎是 2008 年的诺贝尔物理学奖得主，但其获奖原因并非夸克的颜色构想，而是"对称性自发破缺机制"的研究成果。

9. 证实夸克理论的"十一月革命"

当时，相当多的研究者都对夸克理论持怀疑态度。由于夸克理论与之前的理论存在一些相悖之处，因此它总会让物理学家感到不舒服。不过，后来证实该理论的实验结果不断被发表出来，研究者们也不得不接受这个理论了。

在这些验证夸克理论的实验中，最先进行的实验是用加速后的电子轰击质子的实验。

因为电子不与强力发生反应，所以有人认为这种做法很愚蠢："用电子研究强力，这究竟是想干什么?"其实，这是一个设计得很好的实验。如果对撞粒子双方都是与强力反应的粒子，那么由于双方粒子均会发生变化，观察对象就变成了两个。实验中选择用电子，正是因为电子与强力没有关系，不会成为"被观察的对象"，所以它可以以"清白之身"充当"调查工具"。如此，研究者就能在出现的纷繁现象中，专心去调查质子的状态了。

用高能加速的电子轰击质子后，发生了与卢瑟福的实验类似的现象，即偶尔会出现电子被质子"弹回"的情况。这表明质子也有"内部结构"。

不过，仅靠这些还不足以证明质子的内部结构如夸克理论所言。另外，还有实验结果看上去与夸克理论存在矛盾之处，即电子轰击质子时，质子内部的粒子看上去是在自由活动的。

夸克理论认为，夸克无法被单独取出，它们被"强力"这一强大的作用力封闭了起来。因此，夸克能像自由粒子那般活动，是非常奇怪的。

不过，1974 年 11 月，物理学史上革命性的实验消除了这一疑虑。实际上，该实验在物理学家的圈子里被称为"十一月革命"。

这一革命性实验的舞台有两处。其中一处在美国的东海岸，即纽约长岛的布鲁克海文国家实验室（BNL）。在该实验室中，丁肇中领导的团队，进行了用高能质子轰击铍靶去生成电子和正电子的实验。

另一处舞台在美国的西海岸，即加州斯坦福直线加速器中心（SLAC）。在这里，伯顿·里克特领导的团队的实验模式与 BNL 的模式刚好相反，他们进行的是让电子与正电子撞击从而生成强子的实验。

虽然两个实验的探索方向相反，但双方几乎同时发现了相同的粒子。东海岸的丁肇中团队率先提交了论文，日期为 1974 年 11 月 12 日。他们检测出了寿命非常长的介子，该粒子是电子与正电子湮灭的证据。由于该团队的领导丁肇中名字中的汉字"丁"酷似字母"J"，因此他们将发现的新粒子命名为"J 粒子"。

西海岸的团队提交论文的日期为 1974 年 11 月 13 日，比东海岸的团队晚了一天。其论文也是关于检测出长寿介子的内容，他们给新粒子起的名字为"Ψ 粒子"。在当时的论文集中，东海岸团队的 J 粒子被刊登在第 1405 页，西海岸团队的 Ψ 粒子被刊登在第 1406 页。这还真是"一页之差"的惊险较量。

两个团队发现的粒子其实是同一种介子,该粒子现在被称为"J/Ψ 介子"。这一新发现,在当时的物理学领域中掀起了轩然大波。

当然,发现新介子本身并不是什么罕见的事。但是,它意味着人类发现了数年前被预测存在的新夸克。J/Ψ 介子是由粲夸克和反粲夸克构成的介子。

东西海岸的实验团队领导丁肇中和里克特,在两年后的 1976 年获得了诺贝尔物理学奖。西海岸团队虽然晚了一天提交论文,但也获得了同样的荣誉。不过,也有人因论文的提交时间而哭泣。在刚才提到的论文集中,第 1407 页也刊登了关于相同介子的论文。该论文由意大利的研究团队提交,日期为 1974 年 11 月 18 日。不幸的是,这个团队未能获得诺贝尔物理学奖。

10. 胶子:强力的传递者

粲夸克的发现,意味着标准模型中的第二代费米子已全被找到。与奇夸克和下夸克(第一代基本粒子)的关系类似,粲夸克也相当于上夸克（第一代基本粒子）的"哥哥"。夸克理论中预测的粒子被发现，并且分类清晰，如此一来，任何人都不得不接受夸克理论了。

夸克理论被广泛接受之后，关于强力的研究也取得了巨大进展。研究者既然接受了夸克的存在，那么自然也接受了关于夸克颜色的说明。夸克的颜色并非仅能用来解释"为什么夸克的自旋为半整数却不遵循泡利不相容原理"。南部阳一郎之所以提出颜色的概念，还因为他认为这是强力的源泉。

在量子色动力学中，夸克的颜色相当于电磁力中的"电荷"。

电荷分为两种，即正电荷和负电荷（准确来说，电荷只有一种。因为带正电的粒子是带负电的粒子的反粒子），而夸克的"色荷"（Color Charge）有三种，即红、绿、蓝。夸克之间就是通过交换"色荷"来产生强力的。

那么，强力具体是如何被传递的呢？传递强力的媒介与电磁力的情况类似，也是通过交换粒子（玻色子）来实现的。这种粒子称为"胶子"（Gluon），这个词有"胶水"（Glue）之意，是一个与强力很般配的名字。如同带电粒子通过吸收、释放光子传递电磁力那样，夸克也是通过吸收、释放胶子来传递强力，从而使多个夸克结合在一起的。

从这个意义来说，用"交换介子"来解释强力的汤川理论，在根本层面上就不再是准确的了。不过，如果从稍远的地方观察原子核内部发生的现象，那么确实无法否认介子发挥了巨大作用。

在确认夸克存在的实验中，研究人员实际"看见"的基本都是由夸克和反夸克构成的介子（这是因为夸克无法被单独取出）。确认存在粲夸克的两个实验（实际上还有第三个实验）发现的也是 J/ψ 介子。

11. 夸克无法被取出的原因

夸克之所以无法被取出，是因为传递强力的胶子也具有"色荷"。传递电磁力的光子自身没有电荷，所以光子无法制造出光子。但是，胶子具有"色荷"，因此胶子本身可以吸收、释放胶子。

日本 TRISTAN 对撞机的相关实验最先确认了这一现象。我们由此得知，强力不仅作用于夸克之间，也作用于胶子之间。

因此，当我们试图从强子中取出夸克时，在夸克之间往返活动的胶子会在强力的作用下彼此吸引。夸克与夸克间的距离越远，也就是夸克的能量变得越小（时间与能量的不确定性原理）时，强力的作用力就会越强。我们可以这样理解这种情况：两个夸克通过一根捆着胶子的橡皮筋相连，橡皮筋被拉得越长，夸克之间的吸引力就会变得越大。

因此，夸克间的距离越远，它们结合得就越牢固，所以被封闭在强子内部的夸克便无法被取出。虽然通过强硬方式也能取出夸克，但是在这种情况下分离出来的夸克会立即与反夸克结合生产介子。总之，夸克通常都是被封闭在强子内部的。

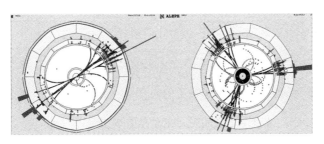

电子与正电子碰撞后产生夸克　　夸克与反夸克结合后放
与反夸克的瞬间　　　　　出胶子的瞬间

图片来源：CERN

图 4-2　LEP（大型电子 - 正电子对撞机）

另外，如果从近距离观察夸克，那么会发现夸克之间的"橡皮筋"处于松弛状态，没有力的作用。如果提升其能量到一定程度（即让夸克之间的距离变得更近），夸克基本上就可以自由活动了。

在使用电子轰击质子的实验中，本应处于封闭状态的夸克之所以看上去像自由粒子一样活动，正是因为电子撞击时的能量太高，这导致夸克间的作用力在撞击的那个瞬间变弱了。

12. 夸克有活力导致体重增加？

至此，强力的谜题已经被我们解开。顺便一提，质子与中子的质量就是构成它们的 3 个夸克的总质量，也就是夸克的运动能量的总和。夸克在强子的内部会不停地转动，根据公式"$E=mc^2$"，我们可以把夸克的能量换算成质量。

我们的身体也是强子的聚合体，所以身体中的夸克也都在运动。因此，当减肥的人体重增加时，也可以这样来找借口："今天身体中的夸克很有活力！"（笑）这样来思考的话，也会让我们感受到夸克和强力其实就在我们身边。

13. 弱力点燃了太阳

下面，我将介绍弱力。弱力也是与我们的生活密切相关的作用力。对于这种"引发中子的 β 衰变等放射性衰变的力"，不少人可能觉得它是另一个遥远世界的事情。但是，即使说弱力支撑着我们的世界也不为过。这是因为，如果没有弱力，那么太阳就无法燃烧。

β 衰变是指"中子变成质子并同时放出电子与中微子"的现象。在太阳内部时刻都发生着以下事情：4 个氢原子中的 2 个会变成中子，从而构成氦原子，同时放出电子与中微子。β 衰变是"中子→质子"，太阳内部的情况是"质子→中子"，虽然两者的转化方向相反，但这两种现象都是由弱力引起的。在弱力的作用下，太阳每秒能将 50 亿千克的质量转化为能量。

那么，弱力究竟是什么呢？相信读到这里的读者已经能够提出更具体的问题了。前文已经介绍了电磁力、强力的传递媒介分别为光子、胶子，因此对于"弱力究竟是什么"这个问题，更具体的形式是"弱力是以什么粒子为媒介传递的"。

寻找这种粒子时，物理学家们使用的线索也是粒子的"质

量"，这与破解强力之谜时一样。汤川理论认为强力的作用距离
短，所以据此预言出了介子的质量。其实，从后来的研究结果
看，弱力的作用距离比强力的还要短。强力的作用距离仅为原
子核直径（10^{-15} 米），弱力的作用距离则仅为强力的千分之一。
前文曾说过，如果把原子放大到棒球场那么大，那么原子核的
大小就和棒球差不多。而弱力的作用距离为原子核直径的千分
之一，这个尺寸则相当于棒球场地上的一根头发。当然，这里
我们所说的不是头发的"长度"，而是头发的"粗细"（直径）。

弱力的作用距离非常短，传递弱力的粒子也被预测为是介
子无法与之相比的"大质量"粒子。前文已经说过，质量越大
的粒子越难用加速器检测出来。

因此，研究者在寻找传递弱力的玻色子上，花费了非常多
的时间。传递弱力的玻色子，在理论上被预言存在是 20 世纪 30
年代，而真正发现它则是近半个世纪后的 1983 年。

14. 加速器"发现"了月球与高铁

传递弱力的弱玻色子（Weak Boson），是由 CERN 的大型

粒子加速器首先检测出的。实验中让质子与反质子加速对撞的圆形加速器，周长为 7 千米。由于自然界中不存在反质子，所以需要先用加速器制造出反质子，然后将其收集起来，再将反质子放到加速器中去轰击质子。

之后，CERN 建造了粒子加速器 LEP，该加速器可以以更高的精度去观测弱玻色子。LEP 是通过加速电子与正电子进行对撞的加速器，其周长为 27 千米。

LEP 的规模非常巨大，这也给实验带来了意料之外的困难。

实验人员遇到的第一个问题是，实验中生成的能量总是会莫名奇妙地出现偏差。实验人员进行计算时明明考虑了所有条件，但实验中的电压却总是无法被正确地控制。精度是粒子加速器实验中最重要的一点，所以这的确是个大问题。

在经历过多番苦思冥想后，实验人员终于找到了原因，"罪魁祸首"竟然是月球。月球的引力会影响地球，例如大海的涨潮、退潮便是月球引力造成的。CERN 的粒子加速器由于规模太大，所以它在月球引力的影响下发生了轻微地变形。这使得加速器的精度下降，最终导致实验中的能量出现偏差。从某种意义上说，这座粒子加速器"发现"了月球。

其实，除了月球之外，这座加速器还有一个意外发现。

实验人员在月球引力的基础上调整计算后，发现某个时间段的电压依然不稳定。为什么这项实验无法顺利进行，实验人员完全没有头绪。不过，这个问题的线索就在于刚才提到的"某个时间段"。加速器在深夜一直到次日凌晨 5 点的能量都是稳定的，但在 5 点到入深夜这段时间里却出现了偏差。这肯定与人类的活动存在某种关系。

经常乘坐首末班车的人可能会想到些什么。没错，"凌晨 5 点至深夜"正是地铁运行的时间段。而且，该加速器的附近就是连接巴黎和日内瓦的 TGV 高速铁路。这条铁路类似于日本的新干线，列车运行时需要给铁轨通电。铁轨上的电会漏到附近的河流中，而用于冷却加速器的水就来源于那里。

这就是加速器电压不稳的原因。实际上，实验中能量出现偏差的时间段，与 TGV 高速铁路的运营时间段完全一致。这次，大型粒子加速器也"发现"了 TGV 高速铁路。

15. 弱力的传递者

传递弱力的弱玻色子有两种，即有电荷的"W 玻色子"和不带电的"Z 玻色子"。

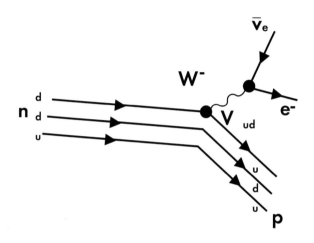

图 4-3　弱力引起的 β 衰变

　　W 玻色子又分为带正电和带负电两种。其中，引起中子发生 β 衰变的是电荷为 −1 的 W 玻色子。

　　中子的夸克组合为"udd"（1 个上夸克和 2 个下夸克）。中子发生 β 衰变时，中子夸克中 1 个"d"会释放电荷为 −1 的 W 玻色子。"d"的电荷为 $-\frac{1}{3}$，所以它释放出电荷为 −1 的 W 玻色子后，电荷会变为 $+\frac{2}{3}$〔$-\frac{1}{3} - (-1)$〕。也就是说，这个"d"变成了"u"。此时，中子的夸克组合"udd"就变成了"uud"，也就是中子变成了质子。这个过程中释放出来的 W

玻色子，则会立即衰变成电子和反中微子。这便是 β 衰变的全过程。

太阳内部的质子变成中子（4 个氢原子构造出氦原子）的现象，可以看作与 β 衰变相反的过程。质子的"u"释放出电荷为 +1 的 W 玻色子后，电荷由原来的 $+\frac{2}{3}$ 变成了 $-\frac{1}{3}$。也就是说，这个"u"变为了"d"，质子（uud）也就变成了中子（udd）。

16. 宇称不守恒之谜

虽然传递弱力的粒子已被找到，但弱力的全貌仍未被全部揭开。弱力一直存在一个巨大的谜题，那就是它违背了其他三种力（引力、电磁力和强力）都遵循的某一守恒定律。

不知大家是否曾思考过"左"和"右"的本质区别。当然，任何人都知道哪边是左、哪边是右。但是，说明左右之别的本质意义并非易事。

有人可能会说："拿筷子的手是右手。"但是，当人对着镜子吃饭时，镜中之人则用左手拿着筷子。用左手还是用右手拿筷子并不会影响我们吃饭，因此这也不是左和右的本质区别。即使将整个世界左右颠倒，其实也不会出现什么不便之处。

例如，假设在宇宙某处存在一颗相当于地球平行世界的行星。那里的景象与地球几乎相同，只是左右全都相反。在这个平行世界中，左撇子的人要远远多于右撇子，钟表的指针是向左转动的，棒球的跑垒是向右绕垒奔跑的……我们地球人看到这些，会觉得很别扭。

不过，当我们告诉该星球的人"你们这个世界很奇怪"时，他们也不知道我们在说哪里奇怪。因为即便左右完全相反，他们的世界也与地球没有什么不同之处。即便存在左和右的差异，这种差异也无从解释。关键在于，是左是右都无所谓，不会导致什么问题。

甚至在过去的物理学中也存在这样的观点。所有物理现象，即便颠倒左右的方向也依然遵循同一法则。在自然界中，左与右是没有区别的。引力、电磁力和强力的情况也是如此。对于这三种力而言，左右的概念并不存在，即使让空间反转，它们也遵循相同的物理法则。

这种空间反演在量子力学中被称为宇称变换（Parity Transformation），即便左右互换，宇称也是保持不变的。这就是"宇称守恒定律"。

若要详细讲解这部分内容，会涉及波函数等知识，为了便于大家理解，我将对其简化来说明。总之，大家可以将"宇称"看作粒子的一个性质。宇称有正负之分，这种正负即便在粒子衰变后也不会改变。如同粒子在 β 衰变的前后其能量是守恒的一样，其宇称在衰变前后也是守恒的。

但是，研究者偶然发现了违背宇称守恒定律的存在。那便是从宇宙射线中发现的"τ 粒子"和"θ 粒子"，它们为物理学家带来了新的烦恼。

这两种粒子在弱力作用下都会分别衰变为多个 π 介子。τ 粒子会衰变成 3 个 π 介子。π 介子的宇称是负的，由于宇称要通过乘法来计算，所以 3 个 π 介子的总宇称是负的（负 × 负 × 负）。因此，衰变前的 τ 粒子的宇称也应该是负的。

θ 粒子则会衰变为 2 个宇称为负的 π 介子。这 2 个 π 介子的总宇称是正的（负 × 负）。因此，衰变前的 θ 粒子的宇称也是正的。τ 粒子和 θ 粒子的宇称相反，所以大家会很自然地认为它们是不同的粒子。

但令人不可思议的是，进一步的研究发现，这两种粒子的质量、寿命完全相同。这两种粒子是分别被发现的，所以质量与寿命完全相同这种偶然，让人很难相信。物理学家无论如何都想从理论上解释这种现象。这就是"τ-θ之谜"。

17. "左"与"右"存在本质区别！

1956年，两位在美国从事研究工作的中国物理学家杨振宁和李政道，针对"τ-θ之谜"提出了大胆的假说。他们认为τ粒子和θ粒子是同一种粒子。这样的话，它们的质量和寿命自然相同。

但是，如此一来，就出现了一种奇妙的情况，即它们虽然是同一种粒子，但宇称是不同的。杨、李二人认为，τ粒子和θ粒子的宇称在衰变前是相同的。至于它们在衰变后宇称的正负发生了逆转的情况，只要认为宇称是不守恒的就可以了。

也就是说，弱力打破了宇称守恒定律，这就是杨振宁和李政道的基本观点。如果弱力不遵循守恒定律，那么与弱力反应的粒子的宇称，既可能是正的，也可能是负的。虽然事实似乎如此，但是"其他力都遵循宇称守恒定律，只有弱力不遵守"这件事，让人非常难相信。

不过，在杨振宁与李政道提出假说的次年，即1957年，同样在美国做研究的中国研究者吴健雄女士，用实验证明了他们的假说。吴健雄女士是一位非常擅长做精密实验的研究者。

她的实验思路如下。先准备出两种自旋方向的钴 60 原子核（一个向左，一个向右），然后观察 β 衰变释放出的电子的方向。她使用了磁铁的强磁场来改变原子核的自旋方向，这在当时的技术条件下是一件非常困难的事情。因为能量过高的话，会出现反向自旋的原子核，所以实验中需要把温度降到极低。

准备出自旋向左的原子核与自旋向右的原子核，然后观察电子的活动方向，便可以区分出"镜中的世界"与"我们的世界"。在"我们的世界"中，当原子核向左自旋时，被释放出的电子方向向下。"镜中的世界"的原子核虽然是向右自旋，但是电子的方向仍然多是向下。如果宇称是守恒的，那么被释放出的电子的方向应该与原子核的自旋方向无关，电子会被均等地从上下两个方向释放出。因此，我们可以发现宇称是不守恒的。该实验的结果与杨振宁、李政道二人的理论是一致的。他们的假说进一步发展后，最终得出了只有"向左自旋"的粒子才与弱力反应的结论。

这确实是令人震惊的结论。因为它意味着自然界的法则有左右之别，也就是"左"和"右"存在本质性的区别。

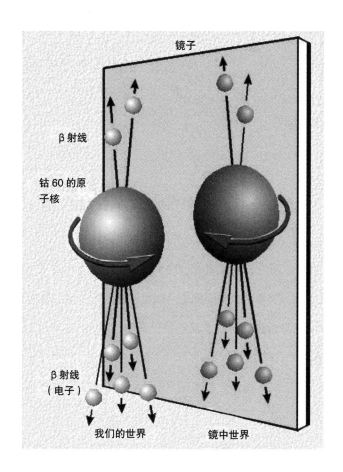

图 4-4　吴健雄女士的实验

　　如此一来，刚才平行世界的例子就不同了。弱力并非仅作
用于地球，而是宇宙通用的物理法则。如果平行世界的行星与

地球的左右相反，那么平行世界中的 β 衰变也就偏向"右"，这时我们就可以说"这与弱力的法则相悖，你们的世界很奇怪"。左与右并不是无所谓的问题。弱力的作用方向是"左"，这是宇宙的法则。

18. 小林 – 益川理论与"CP 对称性破缺"

此后，研究者还发现了一件事情，即仅会与弱力发生反应的粒子——中微子，全部都是"向左自旋"的（在向前飞行的中微子的身后观察，会发现它是以逆时针方向旋转的）。这打破了宇称的守恒，甚至到了不允许存在向右自旋的中微子的程度。这样一来，任何人都不得不承认弱力不遵守宇称守恒定律的事实。

不过，对于物理学家而言，守恒定律被打破是非常不舒服的事。因此，研究领域出现了以下观点。

宇称的对称性确实被打破了。像"镜中世界的中微子"那样的粒子，是不存在的。但是，反中微子是向右自旋的，如果将其看作"镜中世界的中微子"，那么对称性就守恒了。这被称为"CP 对称性"。

"CP 对称性"中的"C"取自"电荷共轭变换"（Charge Conjugation Transformation），意指将粒子转换为反粒子。"P"则指宇称变换。在空间反演的同时，将粒子与反粒子互换就是"CP"。仅变换宇称，宇称的对称性就会被打破；但是，如果 C 和 P 同时进行，对称性就会恢复。单纯这样说可能不太好懂，我们来看一个例子。例如，我们把书的封面放在镜子前，但不知为何镜子中映出的却是书的封底，于是我们把手伸到镜子中把那本书翻过来。这个比喻确实有些牵强，不过经过两次"变换"之后，对称性将得以保持。从这一点来看，弱力也就遵循了以往的法则。

然而，这种构想给物理学家带来的安宁转瞬即逝。研究者发现，CP 对称性也会在极其微小的程度上被打破。1964 年一个实验小组发现，CP 应该为负的 K 介子，在衰变后其 CP 却变为了正。这种现象出现的概率仅为千分之一，但是就算这是一个罕见的例子，对称性被打破的情况也确实发生了。该实验的领导克罗宁和菲奇二人，因此获得了 1980 年的诺贝尔物理学奖。这也能反映出该发现的意义多么重大。

让一般人感受到这一发现的冲击性，可能确实非常困难。

不过，这一发现确实撼动了自然界的"秩序"。物理学家的夙愿是用简单的法则说明自然界的秩序，他们希望对称性尽可能是守恒的。因此，即便已经明确宇称对称性被打破了，惊慌的物理学家也还是找到了守恒的方法，即 CP 对称性是守恒的。

结果，CP 对称性又被打破了，这对物理学家来说无异于灾难。要想解释"CP 对称性破缺"这一现象，物理学家就不得不去寻找其他秩序。

在这种背景下，"小林 - 益川理论"就登上了历史舞台。在第二代粒子的粲夸克尚未被发现的阶段，小林诚和益川敏英就预言了"夸克应该至少有三代"。他们提出的这个预言，其实就是为了从理论上解释 CP 对称性破缺。

19. "夸克至少有三代"中的深层秘密

那么，为什么如果"夸克至少有三代"就能解释 CP 对称性破缺呢？要想讲清楚该理论并非易事，本书在此只做简单介绍。

这里大家需要关注的是，夸克"有二代"和"有三代"是

完全不同的情况。小林－益川理论的要点不在于"夸克应该有
三代"，而在于"夸克应该不止有二代，而是至少有三代"。

可能有人认为，有二代和有三代没什么大的区别，但其实
并非如此。在纸上画点来看一下的话，大家就能明白"2 个点"
和"3 个点"的巨大差异了。如果用直线连接画在纸上的点，
那么有 2 个点的情况下只能连接出一条直线，而有 3 个以上的
点时，就能画出二维的"图形"了。这就是"2"和"3"的本
质区别。

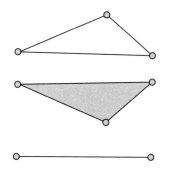

- · 2 个点与 3 点个以上是不同的　　· 用直线连接点
- · 3 个以上的点会连成图形　　　　· 物质与反物质互为镜子
- · 3 个点以上的情况会出现差异！　· 2 个点的情况会被打破

图 4-5　为什么是 3 个？

这里希望大家能意识到的是，小林－益川理论是关于粒子

与反粒子的"对称性"的理论。另外，反粒子可以被看作是粒子的轴对称翻转粒子。当粒子与反粒子按对称轴翻转后，若二者完全没有区别，那么 CP 对称性就是守恒的，否则 CP 对称性就是被打破的。

由 2 个点连接而成的直线，无论在哪个方向上翻转，得到的都是长度相同的直线（翻转后无区别），即对称性是守恒的。那么，三角形的情况又如何呢？如果是等腰三角形，那么即使以底边为对称轴进行翻转，也不会出现图形上的差别。不过，等腰三角形毕竟是例外的情况。当三角形的三条边长度各异时，无论以哪条边为对称轴进行翻转，翻转后的图形都会有区别。如果将翻转后的三角形再次翻转回来，那么它会与原来的三角形重合，只有让其在平面上移动才能避免两个三角形重叠。这种情况下，哪个是原来的三角形，哪个是翻转过来的三角形，也无法做区分了。

这种情况便是 CP 对称性破缺。2 个点的情况下，翻转后的图形不会出现区别，因此对称性不会被打破。但是，3 个点却可以构建出有别于翻转前的新世界。也就是说，粒子的世界与反粒子的世界是不同的。因此，即便对称性被打破也无妨。

前文曾介绍过，夸克能够通过放出传递弱力的弱玻色子改变自己的种类。在弱力作用下"u"和"d"互相替换，质子和中子就可以实现相互转换。实际上，这种现象并非只在同代夸克间发生。第二代的奇夸克也能变成第一代的上夸克。

例如，底夸克衰变成下夸克有 3 个过程。如果用"复数"（具有长度和角度的数）表示其衰变的强度，则会得到一个三角形，物质与反物质在复数的角度上是相反的。这方面的内容已经超出科普书的范围，在此就不做深入讲解了。总之，小林 – 益川理论认为是否能构成"图形"是非常关键的，因此，该理论认为"夸克应该至少有三代"。

20. 围绕"三角形"的实验竞争

后来，研究者发现，夸克确实有三代，这正如小林 – 益川理论所预言的那样。但是，仅凭这个发现还不能证明小林 – 益川理论是正确的。虽然我本人认为这个发现已经能够获诺贝尔奖了，但是诺贝尔奖评委会还是比较慎重。

诺贝尔奖评委会考虑到了以下因素，即小林 – 益川理论的目的并不是预言夸克的世代数，而是解释 CP 对称性破缺。因此，要想验证小林－益川理论，必须确认将 3 个点连起来是否真能得到"三角形"。因为如果 3 个点排列在一条直线上的话，就无法构成前文所说的那种"三角形"。

为了验证这件事情，美国和日本之间展开了激烈的实验竞争。斯坦福大学开展的实验是，通过电子与正电子的碰撞产生底夸克，然后精密测定撞击后产生的各种粒子的情况。该实验使用的直线加速器长达 3 千米，会让人想到大象的长鼻子，因此他们选取了儿童绘本中一个大象角色的名字来为实验命名，称其为"BaBar 实验"。

日本的"Belle 实验"则使用了位于筑波市的高能加速器研究机构的 KEKB 加速器。日本的实验使用的粒子也是电子和正电子，为了获取更多数据，该实验将粒子的撞击频率提升到了 7 纳秒（1 纳秒 $=10^{-9}$ 秒）每次。因此，该实验用到的设备的总重量达数万吨。高端的设备密集地排列在一起，并以微米级的精确度连接在一起。

Belle 实验开展了多年，最后终于在 2002 年，实验结果中出现了能够证明小林－益川理论的数据。"3 个点"确实不在一条直线上，而是构成了有角度的"三角形"。得益于这一发现，小林诚和益川敏英获得 2008 年的诺贝尔物理学奖。

Belle 实验

图片来源：KEK

BaBar 实验

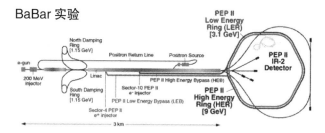

图片来源：Courtesy of SLAC National Accelerator Laboratory

图 4-6　验证小林－益川理论的两大实验

之后，美国斯坦福的实验因预算耗尽而被迫终止，日本高能加速器研究机构的实验则继续开展。这是因为，虽然小林－益川理论在大体上已被证明是正确的，但随着实验精度的提高，当准确把握"三角形"的角度时，就可能会出现一些不符合逻辑的部分。

或许有一天，从该实验的结果中，研究者会发现超越小林－益川理论的法则。在物理学研究领域中，总是会出现"新理论被实验证明"和"实验中又出现新谜题"的循环。理论和实验的相互追赶，在物理学中是常见的风景。

21. 希格斯玻色子：基本粒子的质量之源

随着小林－益川理论被实验证实，基本粒子物理学"标准模型"的完成目标便确立了。可以说，我们已经基本上破解了电磁力、强力和弱力的谜题。

不过，在"力的统一"上，仍然存在未解之谜。虽然统一电磁力和弱力的理论已经确认，我们也知道提高能量后两者的值会接近，但是这两个力，作为同一种力来看的话，它们的作用距离还是相差太远。电磁力的作用距离是无穷的，而弱力的作用距离仅为原子核直径的千分之一。这其实也是"对称性破缺"所致，若能解开这个谜题，标准模型就能完成了。

完成标准模型的那一天应该不远了。因为我们知道，有了理论上的预言，只要去发现些什么就可以了。

弱力的作用距离近，是因为传递该力的弱玻色子"非常重"。传递电磁力的光子则没有质量，因此电磁力的作用距离是无穷的。如果弱力与电磁力原本是同一种力，那么为什么传递弱力的弱玻色子会变重呢？

在这个谜题的解答上，前文提到的希格斯玻色子被寄予厚望。我个人将这种粒子称为"暗场"，之所以给它起名字，是因为给未知的东西起名之后，会比较容易理解它是什么。比如给一只误入家中的猫起个名字，尽管我们对这只猫一无所知，但给它取了名字后，我们就会感觉它像自己家养的猫一样。

虽然不知道希格斯玻色子是猫还是狗，但该粒子所起的作用已经非常明确。传递弱力的弱玻色子即使向远处飞行，也会与宇宙中弥漫的"某种物质"相撞，进而被阻断去路。这个"某种物质"不带电，所以传递电磁力的光子不会与其反应，从而顺畅通过。因此，光子可以在任意方向上无限传播，而传递

184

弱力的弱玻色子却只能止步于家门。这个"某种物质"就是希格斯玻色子。

　　与希格斯玻色子碰撞的粒子，并非仅有传递弱力的弱玻色子。例如，电子也被认为是通过与希格斯玻色子相撞而获得了质量。基本粒子与希格斯玻色子撞击时的能量，会转化为基本粒子的质量，这是希格斯玻色子非常重要的性质。如果没有希格斯玻色子，那我们就会遇到大麻烦。电子会因失去质量而以光速运动，原子会因此而解体。在希格斯玻色子消失 10^{-9} 秒后，我们的身体就会爆炸。

22. 右撇子与"对称性自发破缺"

　　右撇子的人多，或许是因为我们会自主地打破对称性。这一观点的源头是南部阳一郎（与小林诚、益川敏英二人同年获得诺贝尔物理学奖）提出的"对称性自发破缺"。对于这个获得诺贝尔物理学奖的理论，相信大部分人的感觉是："啊，还有这种理论？"

　　例如，铁块中是不存在"上下左右"这些方向的。但是，当铁块变成磁铁时，电子就会拥有某个特定的方向。把铁块冷却，铁原子会在其电子自旋的统一方向上会获得能量，所以铁块能变成磁铁。电子自旋的统一方向应该可以是任意方向（即有对称性），但不知为何这种自旋却总是会朝向同一个方向。这就是对称性自发破缺所导致的。

南部阳一郎认为，自然界中存在很多这样的现象，而且这种现象并非只存在于基本粒子的世界里。例如，右撇子的人比左撇子的人多，其原因可能就不是宇称对称性破缺，而是对称性自发破缺。人类的惯用手应该是"左右都可以的"，但是在某种趋势下，使用右手的人稍微多了起来，随着这种习惯的世代遗传，右撇子发展为有具有压倒性优势的多数派。

再看一个离我们生活更近的例子。大家在晾衣服时，是否会在无意间把衣服晾成同一方向呢？其实，我发现自己就会这样晾衣服。衣服朝哪个方向晾都可以，自己却主动打破了对称性。这并不是我的特别癖好（笑），而是宇宙中的常见之事。

南部阳一郎在 1961 年发表的论文中指出，所有基本粒子最初的质量都为零。它们的对称性在某种趋势下碰巧被打破，才拥有了特定的质量。以这一构想为基础，英国的理论物理学家希格斯从理论上预测了基本粒子获得质量的机制（希格斯机制）。从此以后，寻找希格斯玻色子便成了基本粒子物理学的一大课题。

研究者在实验室中能够制造出与希格斯玻色子相似的东西。在被称为"量子液体"的原子聚集物中，将大量的原子冷却至比绝对零度仅高 10^{-9} 摄氏度的程度，就能制造出类似于希格斯玻色子的东西。

但是，遍布宇宙的希格斯玻色子，可能是由不同于原子的东西构成的。如果将实验室的做法反过来，即去加热宇宙的话，那么宇宙中的希格斯玻色子就会被分解，我们也就能知道到它是由什么构成的了。不过，这是无法实现的。

那么，怎样才能检测出希格斯玻色子呢？答案依然是使用粒子加速器。因为希格斯玻色子是充斥于宇宙各个角落的物质，所以只要向加速器内注入足够高的能量，就应该可以检测出构成希格斯玻色子的基本粒子。

寻找希格斯玻色子的实验也在全世界的范围内掀起了激烈的竞争。相信不久以后，媒体上就会出现"发现希格斯玻色子"的爆炸性新闻。等到那时，相信大家也会感慨这一发现的意义："啊，这样标准模型就完成了。"①

---

① 2012 年，欧洲核子研究中心宣布发现了希格斯玻色子。预言了希格斯玻色子存在的英国科学家彼得·希格斯和比利时科学家弗朗索瓦·恩格勒，因此获得了 2013 年的诺贝尔物理学奖。——译者注

第 5 章
"暗物质""消失的反物质"
以及"暗能量"之谜

1. 宇宙的新谜题

宇宙是由什么构成的，又由什么法则支配呢？前文已经多次提过，物理学中的"标准模型"就是为了回答这两个问题的。对于宇宙的构成，我们已经有了相当深入的了解，这是众多研究者的智慧和汗水的成果。电子和夸克等物质粒子，被光子、胶子、W 玻色子及 Z 玻色子传递的"力"支配着，进而构成了我们的宇宙。

但是，就在标准模型接近完成时，无法用该模型解释的新谜题又接踵而至。原以为前方不远就是终点，实际却发现那个终点不过是途经之地……这是物理学领域每次有所突破时都会出现的熟悉模式。正如宇宙的"尽头"会随宇宙的膨胀越来越远一样，终极的真理似乎也总是遥不可及。当然，我们物理学家坚信会找到宇宙的终极真理，并且每天都在为此努力。

为了进一步推进寻找宇宙终极真理的研究，也需要更多的人对物理学萌生好奇和关注，这需要我们创造出能让更多的人理解物理学研究的环境。了解基本粒子物理学的研究目标后，如果有更多的人觉得这些事情"有意思"，那么物理学研究肯定能够获得更多的人才和资金等"资源"。

我在本书的最后讲解该领域的未解之谜,也有这方面的考虑。科普书以"目前尚不明确的东西"来结尾或许并不常见,但这正是宇宙研究的有趣之处。

2. 没有暗物质,就不会诞生恒星和生命

我要介绍的第一个未解之谜,就是前文提到过的暗物质。我们虽然还不知道暗物质究竟是什么真面目,但已经得知,暗物质约为宇宙中全部原子的 5 倍。如果没有暗物质的引力,太阳系就无法停留在银河系中。

除此之外,对于暗物质,我们还知道了一件重要的事情。那就是如果不存在暗物质,太阳系和银河系就不会形成。这样的话,我们人类也就不会诞生了。

我们并不是通过望远镜、显微镜或粒子加速器了解到这件事的,而是通过 IPMU 的成员吉田直纪的计算机模拟知道的。计算机在破解宇宙之谜方面的作用举足轻重。使用计算机,我们已经基本可以再现那些无法实际观察的宇宙构造。

在计算机模拟的宇宙中，把暗物质存在的地方缩小到直径约为 15 光年的大小，然后通过变焦放大去观察，就会发现被暗物质的引力所吸引的大量原子群。那些原子通过碰撞相互反应（与在粒子加速器中的情况一样），释放出光并失去能量，从而聚集起来。如果一直观察下去，直到该区域的最后一个原子也稳定下来，会发生什么呢？答案是，最后，该区域会形成熠熠生辉的恒星。

计算机模拟首次呈现了暗物质吸引原子构成恒星的情形，这件事不知为何也吸引了金融界的关注，出现在了华尔街记者的报道中。虽然这种情况发生在计算机模拟中，但宇宙初创时的情况肯定也如模拟中的情形一样。

早期的宇宙是一个非常均匀的空间，无论选取哪一部分，其情况都一样。不过计算机的模拟显示，不久之后宇宙中的暗物质便在引力作用下互相吸引，聚集在一起，宇宙空间也慢慢出现了疏密之别。随着疏密程度的加剧，宇宙的"结构"也逐渐稳定下来。于是，有的地方形成了银河系，有的地方形成了我们的太阳系。如果没有暗物质，宇宙会一直是均匀的空间，也不会诞生银河系、恒星以及生命了。

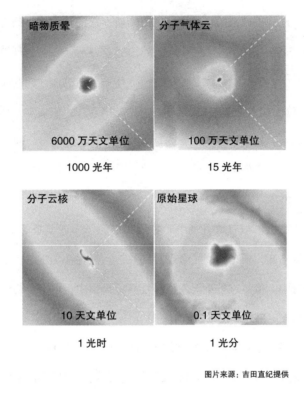

图片来源：吉田直纪提供

图 5-1　恒星的诞生（吉田直纪的计算机模拟情况）

3. 超弦理论：实现"大统一理论"的梦想

　　暗物质在我们的宇宙中发挥了如此重要的作用，所以无论如何我们都想揭开它的神秘面纱，然而，目前我们只知道它可能是个"WIMP"（胆小鬼）。这听上去与"暗物质"这一骇人的名号不太相符。其实，WIMP是"弱相互作用大质量粒子"（Weakly Interacting Massive Particles）的首字母缩写。暗物质比那个难以被发现的中微子还要重，而且完全不与其他粒子发生反应，可以从粒子身边悄然而过。

由于暗物质的质量非常大，所以很难利用粒子加速器将其制造出来。它可能比顶夸克还要重，目前的实验设备恐怕都无法提供足够的能量。

宇宙大爆炸时的能量是充足的，所以产生了大量的基本粒子。虽然那时的基本粒子大部分已经消失，但有一些还残留到了138亿年后的今天。现在的主流观点认为，暗物质可能就是这些残留的基本粒子。

那么，在宇宙大爆炸的能量下，会诞生什么基本粒子呢？对于这个问题，研究领域也是众说纷纭，大多数研究者认为"什么基本粒子都有"。在这个问题上，新的构想会不断出现，所以从某种意义上说，这是物理学研究最有趣的阶段。

在众多构想中，一个比较有说服力的观点是基于"超对称性理论"发展而来的。老朋友"对称性"又出现了，不过这是一个从"超弦理论"推导出来的理论。

超弦理论由"弦理论"发展而来。弦理论认为，基本粒子并非"点"，而是一维的"弦"。顺便一提，弦理论也是由南部阳一郎提出的。早在十几年前，南部阳一郎除了构想了夸克的"色荷"和"对称性自发破缺"以外，还构想了弦理论的观点，这真是令人惊叹。

始于南部阳一郎之构想的超弦理论，将如同橡皮圈的弦大致分为两种，即"闭弦"和"开弦"。它们做旋转和振动等运动时，会变为多种多样的状态。这些不同的状态，就是本书之前所介绍的各种"基本粒子"。电子、夸克、中微子和弱玻色子等粒子，如果它们停止运动，就都会变成一根"弦"。因为弦的状态是无穷的，所以它可以创造出无数种"基本粒子"。不过，这种弦的尺寸仅为 10^{-35} 米。由于弦实在太过微小，所以即便基本粒子真的是弦，它们看上去是点也并不奇怪。

简单来说，超弦理论具有将包含引力在内的四种力统一为一个理论的潜力。虽然标准模型统一了电磁力和弱力，但是人们尚未确立包含强力在内的"大统一理论"。然而，超弦理论不仅包含了电磁力、弱力和强力，甚至还包含了引力。超弦理论可能会让所有物理学家统一力的梦想变成现实。虽然该理论仍然处于发展之中，但它被各方研究者寄予了厚望。

4. 时空是十维的?

超弦理论为了实现力的统一，预言了"超对称粒子"的存在。超对称粒子可以说是所有基本粒子都拥有的"伙伴"。所有基本粒子都有与自身的自旋仅相差 $\frac{1}{2}$ 的"超对称伙伴"，并可以通过这个"伙伴"发生"超对称变换"。超对称变换是指费米子与玻色子互相转换的现象。由于两者的自旋相差半圈，所以在超对称伙伴的热心帮助下，自旋为半整数的费米子可以转换成自旋为整数的玻色子，而自旋为整数的玻色子也能转换成自旋为半整数的费米子。

这种转换的发生地并非通常的三维空间加上时间所构成的四维时空，而是在"量子维度"上。关于量子维度，再深入的内容，我还是不过多解释了。总之，大家只要知道有"量子维度"这种东西存在即可。物质粒子（费米子）闯进那里之后，就能变成力的粒子"玻色子"，而力的粒子也能变成物质粒子。

现在，我们假设存在这样的超对称粒子。超对称粒子也被认为存在许多种类，其中最稳定的是质量最轻的粒子。因为粒子的质量小的话，其能量就低，这样粒子就不容易衰变。这种"轻的超对称粒子"，就是暗物质真身的有力候选者之一。

有人认为，时空存在超过四维的维度（与量子维度不同的维度）。而且，他们认为真正的时空可不是五维或六维的，而是十维的。相对论中的"四维时空"就已经非常难理解了，这里又多出来 6 个维度，因此它远远超出了我们的想象范围。

超弦理论认为，五维到十维的维度都堆叠在仅有"普朗克长度"（10^{-35}）那么微小的地方，所以我们是看不见的。

因此，即使那些维度中存在运动的粒子，我们也无法观察。粒子只有处于四维时空时，才能被我们看见。例如，假设存在一个"二维的平面世界"，那么在平面世界生活的人只能看到"点"和"线"（正如处在三维世界中的我们实际上只能看到"平面"，而非"立体"）。平面即使存在一个风车，风车"上方"的叶轮在不停旋转，这也与平面世界的居民没有任何关系——因为他们只能看见一条直线（宽度为风车与地面相连的柱子的直径）静静地停在那里。

与平面世界的情况相同，在五维以上的空间内运动的粒子，在我们看来也是静止的。这样的话，粒子的"质量"的意义就发生了变化。根据超弦理论，静止的粒子的质量，是它在不可见的维度中运动所产生的能量。

那些在"不可见维度"中活动的粒子，其中应该也有最轻的稳定粒子。有一种观点认为，这就是暗物质的真身。虽然超弦理论建立在"推理的推理"之上，但该理论的所有推理都有依据，因此并非荒唐的空想。就像这样，超弦理论中存在很多奇妙的想法，非常有趣，我希望对此感兴趣的人一定要学习一下该理论。

5. 暗物质会现身于何处？

总之，关于暗物质的理论性猜测可谓多种多样，最终的结论恐怕一时难以得出。揭开暗物质的神秘面纱，最快的方法就是直接捕捉宇宙空间中存在的暗物质。

但是，在宇宙中捕捉反应微弱的粒子是非常困难的。这就好比在喧闹的城市中去聆听极其微弱的声音一样。因此，观测暗物质必须要在没有噪声的安静环境中进行，也就是"到地下"去观测暗物质。

为了探测暗物质，我们 IPMU 与东京大学宇宙射线研究所，在神冈的地下共同建造了 XMASS 探测器。在该实验项目中，我们使用了一吨液态氙（一种稀有气体）来静候暗物质的到访。为了消除暗物质之外的"杂音"，我们将装有液氙的球型探测设备放到了灌有纯水的水箱之中。

该探测设备，正在静静地等待着暗物质与液氙的原子核发生碰撞，但这种碰撞瞬间放出的光是极其微弱的。如果不使用灵敏度极高的设备，就无法捕捉到这种信号。

与设备的性能相比同等重要的是，不，或许应该说更重要的是人的"忍耐力"。"暗物质昨天没有来""今天也没有任何反应"……这种观测会让人在失落感中逐步消沉。一年之中，如果能观测 10 次暗物质与液氙碰撞就已经非常幸运了。在这种情况下，研究人员要一直默默等待暗物质的到来，这确实非常枯燥。但是，神冈探测器曾经就是这样检测到中微子的，而且实验的负责人小柴昌俊还获得了诺贝尔物理学奖。检测暗物质的意义与检测中微子不分伯仲，所以还是值得去做的。

寻找暗物质的尝试并非仅此一种方法。如果将 XMASS 的方法看作德川家康式的"杜鹃不啼，候之"，那么另外的一种方法则可以说是丰臣秀吉式的"杜鹃不啼，诱之"。显然，这里的另一种方法就是指使用粒子加速器。既然宇宙大爆炸能够创造出暗物质，那么我们人类也能制造出。

与暗物质相关的实验使用的是大型强子对撞机 LHC，该设施由 CERN 建造，已经于 2010 年开始正式运行。它的首要任务是检测希格斯玻色子，如果能量足够高，也可以制造出暗物质。

不过，这里存在一个难题。那就是即便我们制造出了暗物质，也无法看到它。为了确认不可见物质的产生，就需要调查该物质生成时必然会出现的"现象"，这就需要事先计算其性质和运动等细节。其实，我们 IPMU 的中的研究者野尻美保子，就是非常擅长这类计算的专家。如果未来出现"LHC 发现暗物质！"的新闻，就可能是得益于她的努力。

此外，为了更加精密地研究暗物质的性质，国际直线对撞机（International Linear Collider，ILC）的项目也正在推进中。不同于圆形加速器 LHC，ILC 是一个直线加速器。另外，这两个加速器实验使用的粒子也不一样。LHC 是让质子与质子对撞，ILC 则是让电子与正电子对撞。在数据分析上，ILC 会更加方便。这是因为质子就像内含 3 个夸克和胶子的樱桃派，碰撞后会散落出很多东西；而电子与正电子的碰撞则像樱桃核与樱桃核的撞击，因此多余的信息较少。

ILC 的总图（全长 31 千米）

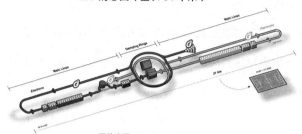

图片来源：Courtesy of ILC / form one visual communication

加速粒子流，让其飞驰 20 千米
将粒子流压缩至纳米大小，
使其正面碰撞

意想不到的
高科技！

图片来源：DESY Hamburg　　图片来源：Courtesy of Fermilab
　　　　　　　　　　　　　　　　Visual Media Services

图 5-2　国际直线对撞机（ILC）

不过，让微小的粒子互相碰撞，这在技术上是非常困难的。例如，在 ILC 的实验中，首先要在加速器的两端加速电子流和正电子流，让它们疾驰约 20 千米，然后将粒子流收缩至几纳米（几十个原子那么大）的大小。这些操作已经对技术要求极高，之后还要让这两束粒子流精确地正面相撞，这是极其精密的工作。

当粒子加速器内检测到的情况，与观测设备捕捉的数据一致时，我们或许就能得知暗物质的真身了。解开这个谜题，不仅能回答"宇宙是由什么构成的"这一问题，还能了解暗物质诞生时的宇宙，也就是宇宙大爆炸 10^{-10} 秒之后的宇宙。从宇宙而来的暗物质就像衔尾蛇的蛇头，而实验室中制造的暗物质就像"衔尾蛇"的蛇尾。

6. 反物质的可怕能量

不过，解开暗物质之谜，并不意味着我们就完全了解了宇宙的起源和历史。要想解释现在这个宇宙的历史，还需要破解另外一个谜题，即关于"反物质"的问题。

每一种粒子都存在一个与它的质量和自旋等性质相同，但电荷却正好相反的反粒子。反物质就是由这些反粒子构成的。例如，反原子由反质子、反中子和正电子（反电子）构成。反原子可以聚集成反分子，所以理论上也存在"反水""反空气""反地球""反冰淇淋"等。

目前，实验室中已经制作出了"反氢"。这是东京大学的团队在 CERN 的工作成果。反物质的制造方法如下。首先利用加速器制出反质子和正电子，然后将其放入减速器中。让它们缓慢混合，就能形成正电子围绕反质子旋转的反原子。如果将反原子收集起来，那么迟早就能制造出肉眼可见的反物质。不过，反物质与物质仅有电荷上的差异，所以我们无法通过外观来区分它们。

科幻作品中其实早就出现过反物质。例如，在《星际迷航》（*Star Trek*）中，"进取号"星舰的燃料就被设定为反物质。反物质之所以能够成为宇宙飞船的能源，是因为反物质与物质相遇会湮灭。根据公式 $E=mc^2$，在反物质与物质发生湮灭时，其质量将会转换成能量，而且这种转化效率非常高。太阳内部的核聚变仅能将不足 1% 的质量转换成能量，而正反物质湮灭能将质量 100% 地转换成能量，其效率是汽油的 20 亿倍。宇宙飞船上使用这种高效能源，确实非常合适。

但是，反物质与物质接触时会瞬间发生湮灭，所以反物质的保存与运输便成了一大难题。《星际迷航》中曾出现过反物质被坏人抢走的情节，他们是如何运输反物质的呢？在丹·布朗的《天使与魔鬼》中也有类似情节，CERN 制作出的 0.25 克反物质落入坏人之手以后，他们是将反物质放入特殊容器中小心运输的。如果该容器掉落摔坏，那么反物质与物质接触后会释放出相当于原子弹的能量。换作我的话，即使有人把装反物质的容器送到我手中，我也绝不想收下。

在《天使与魔鬼》中，藏于梵蒂冈某处的反物质容器一旦电量耗尽，飘浮在空中的反物质就会掉落下来。不幸的是，梵蒂冈当然是由物质构成的（笑），所以该地区将会陷入灾难。

读到这里，有的人可能会认为"反物质很危险"。不过，制造反物质需要非常巨大的能量。有人计算过，制造 0.25 克反物质的电费竟然高达 10^{20} 日元。在《天使与魔鬼》中，反物质是 CERN 的科学家瞒着主任私自制造的。如此多的钱被花掉都没被发现，估计他们拥有巨额的研究预算，这还真是令人羡慕（笑）。

7. 十亿分之二：世界得以幸存的原因

制造大量的反物质是无法实现的，宇宙中只存在物质，因此我们能够安心生活。不过，宇宙大爆炸曾释放出惊人的能量，所以初期的宇宙中应该会存在大量反物质。现在的宇宙中之所以没有反物质，是因为随着宇宙变冷，反物质与物质相遇后发生了湮灭，然后就消失了。当然，在这种湮灭过程中，也有与反物质数量相等的物质消失了。

然而，现在的宇宙中还有物质存在。这可能是因为在最初的宇宙中，物质比反物质稍多一些。计算物质与反物质的差值，就会发现不知为何，物质比反物质多了十亿分之二。

因此，我们世界的所有物质——恒星、水、空气、冰淇淋和我们人类等——都是那个"零头"。虽然我们物质（牺牲了十亿倍的"同胞"）在与反物质的生存竞争中以微弱优势险胜，但我们并不清楚物质能胜出的原因，这真是让人不太舒服。如果无法知道为什么物质比反物质多出了十亿分之二，那么就无法解释我们幸存下来的理由。这就是"反物质消失之谜"。

一般认为，反物质世界如同物质世界的镜像世界。这样的话，两个世界之间应该没有差别。但是，问题在于两者在实际中存在微妙的差异。物质与反物质的对称性必须被打破，才能与现实情况相符。

当然，小林－益川理论已经说明了粒子与反粒子的 CP 对称性是被打破的（CP 对称性破缺）。这可以解释物质与反物质之间的微妙差异。不过，对于这是否能用来去解释它们之间那"十亿分之二"的差别，说实话目前的材料还不充足。物质与反物质，除了之前发现的 CP 对称性破缺之外，应该还有其他不同之处。

小林－益川理论为标准模型的确立做出了巨大贡献。它本身是非常成功的理论。但是，当我们尝试破解"反物质消失之谜"时，则发现当前的标准模型仍然存在破绽。

8. 草莓味还是巧克力味：中微子振荡的真相

有一种基本粒子可以弥补标准模型的这一破绽，而且该基本粒子最近在研究领域备受瞩目，它就是中微子。

其实，在观测中微子的项目刚启动时，就有研究者指出了中微子存在一个令人费解的问题。那就是，从太阳到达地球的中微子，其观测数量只有预测数量的 30% ～ 50%。

研究者对中微子的观测方法其实是各不相同的。与小柴昌俊共同获得诺贝尔物理学奖名誉的雷蒙德·戴维斯的实验、日本的神冈探测器实验、意大利和俄罗斯的实验等，它们观测中微子的方法都不同。但是，无论使用哪种观测方法，其结果中都存在那个令人费解的问题。来自太阳的中微子明明没有在途中减少，但我们却只能观测到 30% ～ 50% 的中微子。

这个问题被称为"太阳中微子问题"，它是近 40 多年来物理学领域的大难题。2002 年，以日本东北大学为核心的团队在神冈开展的 KamLAND 实验解决了这个问题。我本人也参与了这项实验。我们在那里观测到了事先在理论上预测出的"中微子振荡"现象。

"中微子振荡"是指，在宇宙空间中飞行的中微子，会在途中反复消失和出现的现象。当然，中微子并不是"幽灵"，所以这里的"消失"也不是真正的消失。在基本粒子物理学中，有一个表达粒子状态差异的词语叫作"味"（Flavor），而中微子的"味"一直在"振荡"。

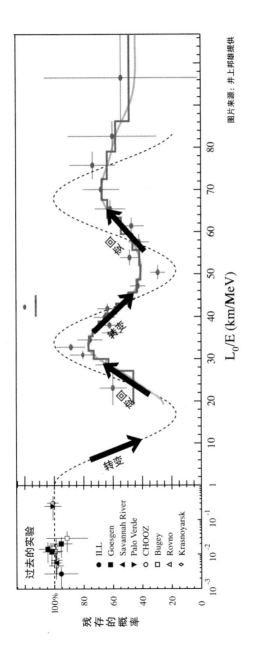

图 5-3 中微子振荡的证明

图片来源：井上邦雄提供

太阳产生的中微子是电子中微子，所以地球上观测中微子的实验设备都是以观察电子中微子为前提建造的。然而，中微子在到达地球之前有时会变成其他"味"的中微子，有时又变回电子中微子。这就好比，顾客在店里点了草莓味的冰激凌，冰激凌在被送到顾客手中之前，有时是巧克力味的，有时会是草莓味的。因此，顾客最终可能拿到自己所点的草莓味冰激凌，也有可能拿到自己没点的巧克力味冰激凌。不过，无论冰激凌是什么味道，它都是可见的，但观察中微子的实验设备却只能"看到"电子中微子，所以虽然其他"味"的中微子到达了地球，但实验设备却"看不见"它们。

9. 从东海村向神冈发射中微子束！

"太阳中微子问题"就这样得以解决后，在解决该问题的启发下，一种关于"反物质消失之谜"的新构想浮现出来。

如前文所述，小林－益川理论无法完全解释为什么物质比反物质稍多的问题。这意味着，即使着眼于夸克与反夸克也无法解开该谜题。

这样的话，如果我们把目光转移到中微子与反中微子身上，情况会如何呢？与夸克与反夸克相比，中微子与反中微子之间可能会出现更大程度的对称性破缺。这样的话，我们或许能发现与"十亿分之二"相关的线索。该理论的提出者，是 IPMU 的福来正孝和柳田勉，他们是我非常敬重的物理学家。

夸克存在 CP 对称性破缺，这早在 1964 年就为我们所知。但是，中微子是近期才被发现的粒子，我们还不清楚它是否也存在 CP 对称性破缺。因此，我们需要先研究中微子与反中微子在活动上是否存在区别。如果发现了它们的区别，就能创造解释这种现象的理论，然后再用中微子去解释物质与反物质之间的"十亿分之二"的差别。

目前，日本正在规划能详细调查中微子活动的实验。以太阳的中微子作为研究对象会花费太多的时间，所以该实验计划直接在地球上制造中微子来观察。不过，要想观察中微子的"味"的变化，需要让中微子飞行足够的距离。因此，从茨城县的东海村向岐阜县的神冈发射中微子束的实验计划，便应运而生。

茨城县的东海村有新建的质子加速器。轰击质子可以生成大量的 π 介子，π 介子衰变成 μ 子时，就会生成中微子。该实验就是把这样产生的中微子束发射到超级神冈探测器。

由于超级神冈探测器位于地下，而且地球又是圆的，所以如果从东海村水平发射中微子束的话，中微子束将射向高空从而无法命中超级神冈探测器。因此，东海村这边的发射装置要向下方调整，改为向地面发射中微子束。另外，这些中微子到达超级神冈探测器后，并不会全都停下来。穿过超级神冈探测器的中微子，会在韩国附近射出地面。因此，如果能够在那里也建造检测设备的话，就能进一步提升该实验的精度。

该实验目前处于预算没有着落的计划阶段[①]。由于该实验中也会发射反中微子束，所以应该也可以研究中微子的 CP 对称性。美国也正在计划实施相同的实验，但其中微子束的发射距离要更远。

我们想知道的，并非仅是中微子的 CP 对称性破缺。中微子是否能够转换成反中微子，也是一个重要的问题。

如果反物质可以少量地转换成物质，那么物质比反物质稍多的事实就比较容易能接受了。不过，任何人都没见过物质与反物质相互转换的现象。这种转换的阻碍是"电荷"。物质与反物质的电荷是相反的，带正电荷的物质不可能会变成带负电荷的反物质（因为这违背了电荷守恒定律）。

---

① 这个实验项目名为 T2K，已于 2010 年正式运行。——译者注

不过，中微子是不带电的。即使中微子变成反中微子，也不会违背电荷守恒定律。

如果能发现这种现象，那么我们就能解开反物质消失之谜。宇宙大爆炸生成了等量的物质与反物质，但中微子选取了少量的反物质，将其变成了物质。这部分物质，就是在宇宙中幸存下来的我们。

前文曾提过，暗物质诞生于大爆炸的 10^{-10} 秒后。如果真是中微子让少量反物质变成了物质，那么中微子的诞生时间要比暗物质早很多。中微子诞生时的宇宙年龄约为 10^{-26} 秒。中微子不仅是"物质的起源"，还有可能是宇宙起源的关键所在。

10. 宇宙的终结：收缩还是膨胀？

如前文所述，暗物质和反物质消失之谜的相关研究，其实就是关于宇宙起源的研究。所以，该领域的研究可谓意义重大。现代物理学正在逐步迫近宇宙的起源。

那么，宇宙的结局会如何呢？说起来宇宙是否会有结局呢？如果有的话，宇宙将会如何终结？我想这是任何人都会关心的事情。

在本书的最后，我想聊一聊关于"宇宙的未来"的话题。

研究者对宇宙未来情况的预测，在这近十几年间发了巨大的变化。因为此前的情况，都是以宇宙在"减速膨胀"为前提构想的。

前文曾提过，当宇宙停止膨胀时就会开始收缩，最终可能会被挤压崩溃。这一观点称为"大挤压"（Big Crunch）。但是，宇宙永远膨胀下去也是可能的。如果大爆炸提供的初始速度足够快，那么宇宙就会像火箭摆脱地球引力那样，一边减速一边继续膨胀。另外，还存在一种介于"收缩"和"膨胀"之间的观点，即宇宙会在某个临界点停止膨胀，但也不会收缩。从确认了宇宙膨胀的 20 世纪 20 年代到 2010 年左右，宇宙的命运一直被认为是上述三种情况中的一种。

但是，就在 2010 年左右，"减速膨胀"的前提被证明是错误的。宇宙的膨胀非但没有减速，反而正在加速。这是通过观测亮度固定的超新星的光而得知的事实。这也给我们研究者带来了巨大的冲击。因为这与大家都坚信不疑的爱因斯坦理论相矛盾。

根据爱因斯坦的方程式，宇宙的膨胀速度由宇宙空间中的能量决定。如果宇宙中存在很多能量，那么宇宙就会快速膨胀，但宇宙空间扩大后其能量也会变得稀薄，所以宇宙的膨胀速度理应变慢。然而从实际观测结果来看，宇宙的膨胀速度加快了。

宇宙空间明明扩大了，其能量却没变稀薄。也就是说，随着宇宙空间的扩大，宇宙的整体能量也变大了。

这种不可思议的能量被称为"暗能量"，目前我们对其仍然一无所知。顺便介绍一下，不知出于什么原因，美国能源部给出了观测宇宙加速膨胀方面的研究预算。或许他们想用这种不会变稀薄的未知能量来取代石油，以此来解决能源问题（笑）。

说到预算，还有一个趣闻。由于我们已经发现宇宙正在加速膨胀，所以从事天体观测工作的研究者们开始说："快点趁现在给我们研究预算！"如果宇宙要收缩的话，那么遥远的恒星就会不断靠近，所以未来的研究者可能会看到更多的星系。但是，如果宇宙正在加速膨胀，那么天体观测工作就得抓紧进行了。就算是现在可以看到的那些星系，以后也会随着宇宙的膨胀离我们远去。100亿年后，可能什么天体都看不见了，所以他们才说："快点趁现在给我们研究预算！"（笑）

11. 多样的宇宙未来假说

那么，以宇宙正在加速膨胀为前提的话，宇宙的未来又会如何呢？宇宙会不断膨胀下去吗？

宇宙未来的情况，会根据暗能量的增长程度而出现不同的结局。观测暗能量的变化也是我们 IPMU 的工作计划之一。

如果暗能量继续增多，那么宇宙的膨胀就会不断加速，最终宇宙的膨胀速度将达到无穷大。这到底意味着什么呢？我其实也不是很清楚，只能认为那是"宇宙的终结"。

当宇宙的膨胀速度达到无穷大时，会发生称为"大撕裂"（Big Rip）的现象。无穷大的膨胀导致宇宙发生撕裂时，星系和恒星将先被撕裂成分子和原子，分子和原子最终也会被进一步撕裂。零散的基本粒子会稀疏地散布在无穷大的宇宙中，宇宙最终会变为接近"空荡荡"的状态。虽然这种情况下也可以说宇宙还"存在"，但不得不说这也是宇宙的"终结"。

对"大撕裂"之后的宇宙，我们无论如何思考都无从知晓其情况了。总之，我们所知的宇宙就此终结，就算之后仍然存在宇宙，我们也无法用现在的物理法则去理解它了。

不过，这个宇宙的结局过于奇特，很多研究者都对此发表了不同观点。与暗物质的情况一样，宇宙的结局也是处于"众说纷纭"的阶段。

例如，有的人大胆地提出了"爱因斯坦的引力理论根本就不对"的观点，并认为宇宙的加速可能迟早会停止。

IPMU 的西蒙·海勒曼则提出了一种新观点。他认为宇宙空间迟早会出现"气泡"。如果宇宙像这样加速膨胀下去，在某个阶段宇宙空间中就会产生气泡，而气泡内部将转为减速膨胀。宇宙空间中会不断产生这种气泡，最后所有气泡会连接在一起，宇宙整体也将变为减速膨胀。我认为这确实是非常独特的想法。

当然，我们不知道哪种观点是正确的。无论是"大撕裂"，还是"爱因斯坦错了"，抑或是"宇宙产生气泡"，如果得不到证实，任何观点都只能一直是假说。

为了调查暗能量的增加情况，一项使用位于夏威夷的昂星团望远镜的观测计划，正在推进之中。

前文曾介绍过暗物质的"地图"，目前我们只能绘制二维的暗物质地图。虽然我们也尝试过绘制三维地图，但由于视场狭小所以无法看见其结构。当我们用更大的视场完成暗物质的三维地图时，我们就能了解宇宙的结构了。届时，我们不仅能看到宇宙现在的结构，还能用巨型望远镜观看到远处"年轻宇宙"的结构。通过比较远处宇宙与近处宇宙的结构，我们就能够了解宇宙结构的历史变化。

图片来源：日本国家天文台提供

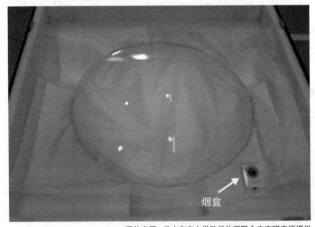

烟盒

图片来源：日本东京大学数学物理联合宇宙研究所提供

图 5-4　哈勃空间望远镜的超大视场照相机

当然，宇宙结构变化的历史，也包含了整个宇宙膨胀的历史。分析这部分历史，我们或许能得知暗能量的增长方式。目前，该计划还处于设计观测所需的新型分光器的阶段。如果该计划进展顺利，那么我们就能精准地测定暗能量的性质。如此一来，我们也将得知宇宙的未来会如何。

12. 宇宙之谜与每个人都息息相关

本章介绍了"暗物质""消失的反物质"以及"暗能量"这3个未解之谜。那么，宇宙是如何诞生的？我们为何存在于这个宇宙之中？宇宙今后会如何？很遗憾，这些问题目前没有明确答案。

但是，研究者早已开始为解答这些问题而不懈努力。目前，物理学已经解开了各种各样的谜题，逐步迫近了宇宙的真相。今后，物理学还会继续在追寻宇宙真相的道路上，为我们解开一个又一个的谜题。

正如序章所言，"宇宙的本原"曾是哲学家们思考的课题。但是，大家读到这里，想必已经能清晰地认识到，现在是科学家正在努力解开这一谜题。

　　现代的基本粒子物理学并非仅意味着研究室和实验室的狭隘学问，它所涉及的本原性问题，与我们每个人的人生和生活紧密相关。正因为如此，基本粒子物理学不仅是研究者关心的领域，也激发了很多普通人的好奇心。

　　如果有越来越多的人理解该领域的乐趣，那么谜题被解开的日子将更快到来。我希望能有更多的人来支持宇宙研究。当然，作为工作在一线的研究人员，我自己也在为探知"衔尾蛇"的全貌而努力。

　　最后，衷心感谢读完此书的每位读者。

后记

我们在"衔尾蛇"的引领下，探索了宇宙的起源及其命运。"宇宙是如何诞生的""宇宙由什么构成""宇宙的命运会如何""宇宙变化的机制是什么""我们为何存在于这个宇宙之中"……这些都是从人类诞生以来，就一直困扰我们的深奥谜题。本书作为入门级科普书，对部分内容并没有展开详细讲解。不过，相信这本书应该能让大家了解到，科学之力正在带领我们迫近这些谜题的真相。

在我立志学习基本粒子物理学并取得学位的 20 年前，我自己也没想到可以接触到这么深奥的谜题。正如在探测小行星后归来的伤痕累累的"隼鸟号"探测器一般，科学的世界总是带着"伤痛"逐步前行。我出生于东京举办奥运会的那年（1964年），当时谁也不知道，我们身边的所有物质可以用电子、中微子和夸克来说明。

地球曾被认为是宇宙的中心，但它其实只是围绕太阳旋转的行星之一。太阳也不过是银河系千亿颗恒星中的普通一员。而且，像银河系这样的星系，在宇宙中存在数亿个。

另外，每当我们有所发现，新的谜题总会紧随其后。在宇宙中，我们目前能够理解的部分（原子）仅占宇宙整体能量的 4.4%，未知的暗物质则占据宇宙整体能量的 23%。这些未知的基本粒子，在宇宙诞生 10^{-10} 秒后产生，它们也是恒星和星系诞生的源头。如果能够破解暗物质之谜，那么我们就可能了解宇宙诞生初期的情况。为此，世界各地的研究者打造出规模宏大的粒子加速器，他们潜入地下实验设施日夜奋斗，不断追寻真相。

对于暗能量，我了解的更少，它占据了整个宇宙总能量的 73%，并且正在通过一种"不可见的力"推动宇宙不断加速膨胀。即使宇宙空间扩大，这种神秘的能量也不会变得稀薄。它是影响宇宙命运的关键，决定着宇宙是否会终结。日本为昴星团望远镜（拥有直径为 8.2 米的巨大镜头）装配了新装置，并在推进精密测定宇宙膨胀历史、预测宇宙未来的观测计划。

在 IPMU 中，为了解开宇宙中的这些巨大谜题，数学家、物理学家以及天文学家每天聚在一起，不断思考、讨论着新的构想。现在的研究领域，弥漫着一种"革命前夜"的氛围。

读完本书后感到兴奋的读者，请一定要再读一读基本粒子和宇宙的相关图书，如果能引导大家了解更深入的知识，我将备感荣幸。IPMU 今后也计划通过面向普通民众的讲座和科学沙龙等形式向大家传播最新的科学知识。大家可以关注我们的官方网站

http://www.ipmu.jp/ja，以及非官方博客 http://ipmu.exblog.jp/。

有的人也许会有这样的疑问："你们研究这些到底有什么用？"其实，日本文部科学省、财务省以及普通市民都问过我类似的问题，我一直都是如下回答的："为了让日本变得富足。"虽然"富足"这个词语有经济方面的意思，但也包含内心、精神和文化的富足。我在国外度过将近半生，在我的眼中，日本是一个非常重视这种广义的"富足"的国家。我希望今后的情况也仍能如此。

最后，我要向几位支持我的人表示衷心感谢，他们是在IPMU 一直支持我工作并负责联系各方取得本书插图版权的榎本裕子，将朝日文化中心新宿教室的讲义整理成本书资料的神宫司英子，为整理本书文稿而费心劳神的冈田仁志，以及向我发出出版邀请并耐心等待稿件的幻冬舍主编小木田顺子。

另外，我想将此书献给我在美国的家人，总是无法顾家让我对你们心有愧疚。

从根本上了解宇宙以及自然的结构，是人类共同的课题。我希望大家能支持研究者去寻找这些巨大谜题的真相。我们研究者每天也会不懈努力。请为我们加油！

村山齐

※ 本书的版税捐献给 IPMU，用于活动资金。